泡茶常识

白子一 著

九州出版社
JIUZHOUPRESS

图书在版编目（CIP）数据

泡茶常识 / 白子一著. -- 北京 ：九州出版社，
2025. 4. -- ISBN 978-7-5225-3711-5

Ⅰ. TS971.21

中国国家版本馆CIP数据核字第2025KJ9492号

泡茶常识

作　　者	白子一　著
选题策划	于善伟　毛俊宁
责任编辑	毛俊宁
封面设计	吕彦秋
出版发行	九州出版社
地　　址	北京市西城区阜外大街甲35号（100037）
发行电话	（010）68992190/3/5/6
网　　址	www.jiuzhoupress.com
印　　刷	鑫艺佳利（天津）印刷有限公司
开　　本	880毫米×1230毫米　32开
印　　张	8.5
字　　数	180千字
版　　次	2025年5月第1版
印　　次	2025年5月第1次印刷
书　　号	ISBN 978-7-5225-3711-5
定　　价	78.00元

序

　　这本书之所以现在才拾笔，是因为关于泡茶，我曾陷入很长时间的认知茧房——在行业里太久，我想当然地认为茶的经营者和饮茶者都已经知晓并掌握了泡茶的细节和方法。近些年在生产端做出品的过程中，我和团队服务了众多的茶企和经营者。在茶品沟通和培训的过程中，我逐渐意识到，对于很多泡茶的细节和方法，即使是茶的经营者和资深茶艺师都存在误区和偏差，所以决定要写这本关于泡茶的书，希望能够从根本上帮助大家。

　　现在市面上已有的关于泡茶的书讲的大多是流程和程式，但泡茶如烹饪，只是掌握流程和程式是无法游刃有余、稳定出品的。

　　在这本书中，我尽可能地从泡茶原理入手，把如何煮水、注水、行茶，用水、用器，如何存茶、醒茶等讲透彻——知晓了泡茶原理，你就可以游刃有余地冲泡各种茶品了。

　　在本书的行文中，有历代茶人经验的总结，有大量现代研究数据与我们亲自做的对比实验，也有深入咖啡行业，研究咖啡冲煮的经验借鉴，此外，采用了组织茶会以及审评与选品的视角……希望这本书不仅能够服务饮茶者，也能帮助众多茶业经营者。

中国茶没有被历史淘汰，在漫长的中华文明中生生不息，是因为它的与时俱进——从行茶方式和最终风味的呈现上，它从没固守某一特定模板或唯一的标准答案，所以它从最初相对单一的蒸青团饼茶逐步发展出六大茶类；行茶方式从烹煮法、煎茶法、点茶法、瀹饮法一路发展，至今又创新出冷萃等新时代的"玩法"。

六大茶类的泡法有官方推荐的投茶量、水温等参考区间，但我们学习泡茶不是为了刻板复制，一杯茶的呈现并不存在唯一正确的标准答案——同样一款茶本就有多种模样，它可以是浓的、淡的、热的、冷的；可以是别人喜欢的、他人悦纳的，更可以是你喜欢的样子。

愿你可以泡一杯众乐乐的茶，也可以泡一杯只取悦自己的茶；愿大家既可以传承泡茶已有的各种泡法，也可以开放地接纳各种创新"玩法"。

白子一
2024 年 7 月于西双版纳

目录

冲泡细节

冲泡基础

用水用器

必备常识

冲泡细节

冲泡中最容易被忽视的细节，
对茶汤的最终风味有决定性的影响
——差之毫厘，谬以千里。

注水方式

在我们的文化里，无论书法、绘画还是太极、烹饪，都喜欢讲心法。诚然，心法为本、手法为末，但讲清楚手法更有助于入门，入了门心法便可以从手法的习练中慢慢证得。在茶的世界里，在行茶的手法、动作及细微里，不断发现问题、改进向前，这本身就是一场借一杯茶看见自己、发现自己、完善自己的过程——这便是"茶修"。

目前市面上能买到、学到的泡茶课程（包括不同的"门派"、不同茶类、不同地区、线上线下……），更偏重于行茶的仪轨，对于冲泡手法对于茶汤呈味的影响较少谈及，特别是冲泡方式对茶汤影响的底层原理和逻辑，更鲜有人深入探究。而对这些问题的探索一直是我教学和从业中的"重大课题"，这个过程要感谢赖文奇博士。赖文奇博士是归国的工科博士，其强大的物理和工科背景带给我很多科学的启发，在与赖文奇博士一次次关于泡茶的探讨和碰撞里，泡茶的底层逻辑得以提炼出来——我们探究泡茶手法和方式，实际是探究水流以何种方式运动以及这种运动方式对于茶叶内含物质析出的影响。

一、粗水流和细水流注水

在注水点、注水时间等条件相同的前提下，水流越粗，茶叶受到的水流激荡力越大，茶叶的内含物析出更快，单位时间内物质浸出会更多，在这种条件下茶汤的滋味会更浓，香气也会相对更高。

需要注意的是，苦涩度较明显的茶，如用较粗的水流发挥其香气时需要调节影响茶汤呈味的其他参数（比如缩短坐杯、闷泡时间）来做平衡；在用较粗的水流注水时不可太猛、太激烈，否则会破坏茶汤柔软、细腻、醇厚的汤感。

在实际的泡茶应用中，稍粗一些的水流还可以用在一泡茶的尾

细水流示例

粗水流示例

段以增加整泡茶前后物质浸出（浓度）的平衡性和稳定性。

　　与粗水相对应，较细的水流，水流运动较平缓，茶叶受到水流的冲击力小，茶的内含物质浸出舒缓而均匀，适合大多数茶的正常冲泡。此处需要强调的是，细水流也需有度，否则注水时间过长，增加茶叶内含物质的浸出时间，茶汤的浓度（特别是苦涩）很容易过高。

二、高冲、低冲

　　高冲和低冲，是由冲泡茶时煮水器所持的位置（出水位置）

高冲示例

低冲示例

决定的：煮水器持得越高，出水点越高，越远离主泡器（盖碗、紫砂壶等泡茶器具），这样的注水方式称之为高冲；煮水器贴近主泡器，即为低冲。

在水流大小、注水时间等条件相同的前提下，高冲时水流有更多的动能和加速度，对于茶的激荡和作用力更大，单位时间内茶叶内含物质浸出速率更快，香气会更高扬。

高冲经常用于表达茶香的冲泡中。使用高冲这种注水方式时一定要掌握好力度、水流粗细、入水点和坐杯时间，否则茶的苦涩度极易凸显且会损失汤感。在实际操作中推荐大家尝试一下高冲加相对细的水流，这样可以平衡茶受到的作用力。

低冲相对于高冲对于茶叶的激荡没那么大，如果想以低冲的方式来表达茶香，可以尝试与粗水流进行搭配，也会有很好的效果。

三、单边定点，中心定点，环绕注水

单边定点注水和环绕注水描述的是冲泡茶时水流以何种方式注入主泡器（盖碗、紫砂壶）。

定点注水是在主泡器的一个固定位置完成整个注水过程，它可以分为单边定点注水和中心定点注水，较为常用的是单边定点注水。

以盖碗冲泡为例，单边定点法常用的注水点是靠近自己身体方向的盖碗边缘（以盖碗为中心的 6 点钟方向），通常水流不直接击

单边定点示例

中心定点示例

打在茶叶上。为使茶叶内含物质浸出更均衡，在用单边定点法注水时，可以在下一泡时将盖碗转动90度或者180度，或者分别在6点、9点、12点、3点钟方向，轮流定点注水。

中心定点法选择的注水点是盖碗、壶的正中心。这种注水方式，水流直接击打在茶叶上，茶叶的内含物质短时间迅速浸出，以这种方式冲泡出的茶汤苦涩易显，属于操作难度较高的注水方式，实际冲泡中更适合苦涩度较低的茶品。

环绕注水法——我常用在一泡茶的尾段，其注水方式是以任意点为起点（通常选择的是靠近身体、以盖碗正中为中心的6点钟位置），沿着盖碗壁环绕一圈或两圈完成注水。这种注水方式不直接击打茶叶，能让盖碗中各方向的茶均匀受力、内含物质充分且均衡地浸出。

四、"凤凰点头"与旋冲

"凤凰点头"是在茶艺表演中的名称，它的注水方式是于盖碗（或玻璃杯等）中单边定点，均匀、稳定注水的同时，逐渐压低注水位。这样的注水方式水流的冲击作用力更大，适合激发茶的香气和内含物质，可以用于冲泡投茶量不大、突出香气的茶品（比如绿茶、茉莉花茶等）。

旋冲与"凤凰点头"有些类似：于盖碗（或玻璃杯等）的一侧单边定点，均匀、稳定注水的同时，逐渐压低并加速注水，茶叶便

可以随水流有序旋转——旋冲的水流作用力比"凤凰点头"更大。

凤凰点头和旋冲可以激发茶的香气，但在使用时一定要平衡力度、投茶量、冲泡时间等，否则茶汤易出涩感、香、汤、味的平衡被破坏。

五、稳定、有序注水

无论用以上哪种注水方式，水流的运动越有序，茶汤的圆融感越强，汤和香的融合度越高，呈味也会越稳定，其要领是注水一气呵成、水流稳定且均匀。

关于这一点，唐代苏廙在他的《十六汤品》中有着重强调："注汤有缓急则茶败"，"若手颤臂颤，汤不顺通"则"茶不匀粹"，犹如"人之百脉，气血断续"。

分享一个便于观察和习练注水方式的小妙招——在盖碗里放置一个乒乓球，然后用不同的方式注水，这样更有利于观察、体悟不同注水方式下水流的运动方式以及茶叶受到的作用力。

煮水的讲究

　　煮水是在日常行茶中最容易忽视的环节。茶的色香味全靠水来承载和展现，大家知道水为茶之母，所以很注重生水的水质以及水品的选择，但这只做对了一半。我们泡茶用的水皆为煮过的熟水，煮水的方式和过程直接决定了水的最终品质。

一、煮水用火

　　"茶滋于水，水藉乎器，汤成于火。四者相须，缺一则废。"（明许次纾《茶疏》）煮水用火历来被历代茶人所重视。

　　"其火，用炭，次用劲薪。（谓桑、槐、桐、枥之类也。）其炭经燔（fán）炙，为膻腻所及，及膏木、败器不用之。（膏木为柏、桂、桧也，败器谓朽废器也。）古人有劳薪之味，信哉！"（陆羽《茶经》）煮水最好用干净、没有炙烤过它物、受过"膻腻"等异味污染的炭，其次用桑、槐、桐、枥等，有油脂的柏、桂、桧等之类和朽坏、破败的木器都不能使用。陆羽着重强调了火的洁净和无异杂味。

云南茶区木柴煮水、烤茶

木炭生火煮水

"用炭之有焰者，谓之活火"，"三沸之法，非活火不能成也"（明朱权《茶谱》），"凡茶，须缓火炙，活火煎"（明钱椿年《制茶新谱》），明代的茶承袭了唐宋对煮水用火的洁净要求，着重强调了煮水需用活火，田艺蘅在《煮茶小品》中进一步提出了火候的重要性："人但知汤候，而不知火候，火然（火势太猛）则水干，是试火先于试水也。"火候要先于汤候，并进一步强调火不可太猛。

茶发展到今天，活火煮水在潮汕工夫茶里依然可以看到，潮汕风炉里燃上几块橄榄炭或荔枝炭，待水沸，往盖碗里一冲，凤凰单丛的花香、蜜香便馨然满屋。

关于活火煮水和电热源煮水对于茶汤的影响，我们在北京、深圳、云南等不同地区，课堂、门店培训以及私享茶会等多种场合，进行过大量的对比实验：相较于电热源煮的水，用活火煮水泡出的茶，茶汤的涩度更低、火燥气更弱、茶汤更柔软。

前几年户外茶会流行，我们经常带着户外烧水器出行（火源是燃气），无意中发现用燃气文火煮水泡的茶，对于同样一款茶而言，茶汤的涩度比电煮水更弱，汤感更柔软。回到室内经过反复对比实验，结论是：用燃气火源（虽然日常泡茶时大多用不到）、文火煮水泡的茶，其茶汤的表现确实要比电源类煮水器好——不过最佳的仍是活火煮水。

目前最现实、方便，使用最多的是电热源的煮水设备，除了单独的电陶炉外，目前市面上的多以成套的组合煮水器具为主。在选择此类电热源煮水设备时，需着重注意的是其火力不可过猛——越快烧熟的水，越有损茶的表现。

二、煮水器的选择

我们先看煮水器材质。

唐代的煮水器是釜，关于釜的材质，陆羽如是说"鍑（釜之旧写），以生铁为之"，"洪州以瓷为之，莱州以石为之。瓷与石皆雅器也。性非坚实，难可持久。用银为之，至洁，但涉于侈丽。雅则雅矣，洁亦洁矣，若用恒，而卒归于铁也"。银制很好但略显奢华，瓷和石的也很好但是坚固、耐用度稍弱，综合来说，陆羽觉得生铁的材质最好。

宋代的煮水器是瓶，"瓶宜金银"（宋徽宗《大观茶论》），"黄金为上，人间以银、铁或瓷、石为之"（蔡襄《茶录》），宋徽宗和蔡襄代表的是宋代皇家和士大夫阶层，所以在煮水器的材质上，首选的是金、银，普通百姓家多以铁或瓷石为之。

明代前期沿袭茶瓶为煮水器，中后期的主流煮水器为茶铫，"金乃水母，锡备柔刚，味不咸涩，作铫最良"（许次纾《茶疏》），材质上金银锡为上，瓷石次之。

清代工夫茶中流行的煮水器是"玉书碾"——赤色，扁形，薄砂泥制成，产于广东潮安者最著名，能耐冷热急变，保温，便于观察煮水的变化过程。

潮汕工夫茶式的风炉生火、砂铫煮水

我们今天的煮水器，材质上较常见的是金、银、铜、生铁、不锈钢、陶、麦饭石等。这些材质除了活火煮水用外还可以在火力较稳的电陶炉上使用。

从历代择器的经验上，金、银、生铁、陶都是好选择，对于这些材质的煮水器，笔者都曾购买来做过对比实验。具体使用起来，金壶略奢丽，性价比不高；银壶需要注意不要空烧，否则壶体会受热熔化变形；陶壶需要避免磕碰和干烧，否则容易开裂或损坏；铁壶需要注意使用完后彻底干燥壶体内部，否则容易生锈。

从冲泡出的茶汤表现上，金、银、陶的材质适合大多数的茶，即使同样是电热源（电陶炉），其泡出的茶，香、汤、味都优于时下普遍使用的不锈钢材质。铁壶经常被用来煮水冲泡老茶，使用起来确实有些重。

铜这种材质在唐之前就很普及，陆羽在《茶经》中漉水囊的骨架主要便是铜材质，历来没有作为主要的煮水器，大概是担心铜易生锈，有损茶味。

与成套的不锈钢煮水器不同，以上的煮水器是单体购买的。在日常使用中，经常活火煮水不太现实，从宜茶又方便的角度，推荐自配电陶炉。

我们再看煮水器的容量选择。

"凡煮水一升，酌分五碗。（碗数少至三，多至五。若人多至十，加两炉）"（陆羽《茶经》）。唐代釜的煮水的量是五碗，约一升；"瓶要小者易候汤"（蔡襄《茶录》），"小大之制，惟所裁给"（宋徽宗《大观茶论》），宋代煮水器的容量变小，根据典籍描述，应为刚好充点一盏茶的水量；"茶注宜小，不宜甚大。小则香气氤氲，大则易于散漫。大约及半升，是为适可。独自斟酌，愈小愈佳。"在明许次纾的《茶疏》中说煮水器不宜大，大约半升就好，如果是独自饮茶，那么煮水器越小越好；清代工夫茶中的"玉书碨"，容量在200毫升左右，流传至今的潮汕砂铫（玉书碨）延续着相似的容量。

从常年的一线实践经验来讲，煮水器的容量选择，首先要考虑饮茶人的多少，人多选择大一些的煮水器，人少则取小。推荐使用的煮水器容量以冲泡两次不需要重复烧水为准——用反复烧过的水泡茶会丢失茶的鲜和活，让茶汤多闷味、熟味。

三、汤侯

"其沸如鱼目，微有声，为一沸。边缘如涌泉连珠，为二沸。腾波鼓浪，为三沸。已上，水老，不可食也。"这是唐陆羽在《茶经》中讲述的汤侯：当水面冒起鱼目一样的泡泡，发出轻微响声的时候是一沸；当水的边缘有如涌泉连珠般的泡泡时为二沸，当水沸腾如腾波鼓浪为三沸，再继续加热水便老了，烹煮出的茶汤就不好喝了。

"蟹眼之后，水有微涛，是为当时，大涛鼎沸，旋至无声，是为过，过则汤老而香散，决不堪用。"（明许次纾《茶疏》）当水

活火铁壶、银壶煮水

有设计感的现代煮水器

开始有微涛，便可以取下煮水器，"嫩则茶味不出，过沸则水老而茶乏"（明田艺蘅《煮泉小品》）。按照《茶疏》里记述的制茶工艺，当时主流的茶品是炒青绿茶，水有微涛的是明代主流茶人们共识的最佳水候。

清代以来，我们的茶类更加丰富，从实践经验看，冲泡岩茶、凤凰单丛等乌龙茶类，普洱熟茶、安化黑茶、藏茶、现代工艺六堡茶等黑茶类，以及各类老茶，更适宜用三沸之水。

用活火、燃气、电陶炉等煮水比较容易观察水沸腾的气泡和各阶段状态，用随手泡类煮水器相对不容易进行观察。建议大家用听水这种方式——静下来听烧开一壶水的节律，这本身就是一个很治愈、安顿身心的过程。

四、关于煮水的更多小贴士

取下煮水器后，等煮水器中翻滚的水静止以后方可开始行茶，否则剧烈运动的水会冲了茶的静气，不利于茶内含物质稳定均衡地浸出，增加茶汤的尖锐感和涩度。

选择合适容量的煮水器和单次的煮水量，泡茶之水最好只煮一次，不要二次煮或者反复煮，反复煮沸的水活性会降低，以其泡茶会丢失茶的鲜活，易出焖熟味，对此，明代许次纾在《茶疏》中强调："停过之汤，宁弃而再烹。"

烹水听候

温壶、温杯和温盏

　　"涤器： 茶瓶、茶盏、茶匙铫（音星）。致损茶味，必须先时洗洁则美。熻盏： 凡点茶先须熻盏令，热则茶面聚乳，冷则茶色不浮。"明钱椿年在《制茶新谱》中详述行茶过程时，特意把涤器和熻盏分别单列一条以做强调，但这两个过程在我们现在的行茶中常被混称为"温杯洁具"，使很多人误以为这仅仅是一个"洁具"的过程，所以行茶过程中常常省略、忽视或潦草以对。但"熻盏"这一温壶、温杯、温盏的步骤在行茶中尤为重要。

　　"盏惟热，则茶发立耐久"（宋徽宗《大观茶论》），"建安所造，其坯微厚，熻之久热难冷，最为要用。出他处者，或薄、或色紫"（宋蔡襄《茶录》），"探汤纯熟便取起，先注少许壶中，祛荡冷气，倾出，然后投茶"（明张源《茶录》），"伺汤纯熟，注杯许于壶中，命曰浴壶，以祛寒冷宿气也"（明程用宾）……茶书典籍中从宋、明始都强调了温盏、温壶的重要性。

　　温主泡器的主要作用是祛除其冷气，充分温润过的主泡器能更充分地激发茶香、茶性、茶味。在冲泡老茶、紧压茶时，充分温润过的壶、盖碗更有助于醒茶。

温壶

温盖碗

温玻璃杯

　　充分温壶的方法是以沸水满注，盖定壶盖后，再以沸水小心遍淋壶身、壶盖，静置 10 秒以上（室温低的冬季静置时间相应延长），让壶内外充分预热，再将热水倾出。

　　充分温盖碗的方法：将盖碗盖斜仰置于盖碗之中，从仰置盖碗盖的顶端缓缓注水，热水流经盖碗盖注入盖碗的过程中，盖碗盖已被充分温润，待注水至盖碗边沿，将盖碗盖正置并盖定，保持 10 秒左右即可（如果温润盖碗时只温润碗身内部忽视碗盖，盖碗密闭后的温度会因冷的碗盖骤降，不利于激发茶的茶香和内含物质）。

　　温玻璃杯的方法：用玻璃杯冲泡绿茶时，先将相应水温的热水注入玻璃杯中（至三分之一或二分之一），静置 10~15 秒后徐徐

温品茗杯

转动玻璃杯，让热水尽可能预热杯壁后，将水倾出。

除了温润主泡器，充分地温润公道杯、品茗杯同样重要。否则滚烫的茶汤遇到凉的器皿，其香会打折扣，茶汤和滋味也会立马收紧。

食饮之道自古相同，很多讲究的餐厅里，盛放牛排等热料理的盘子都是提前加热过的。

可以把温润完主泡器的热水倒入公道杯中，再分别进行公道杯与品茗杯的温润。如果公道杯的容量与主泡器的容量相近，热水出于公道杯中静置 10 秒左右可直接分热水入品茗杯进行品茗杯的温润；如果多人茶会，公道杯的容量是主泡器容量的一倍，热水出于公道杯中静置10~15秒后徐徐转动公道杯，让热水尽可能预热公道杯的杯壁后，再将水倾出（方法同预温润玻璃杯）。

人少的茶会，品茗杯的温润可以直接将温润过公道杯的热水依次注入品茗杯中（干泡、文人茶席中热水量至少是品茗杯容量的一半，有承接水的湿茶台可满溢）然后依次进行温润。干泡、文人茶席上可手持品茗杯，徐徐转动品茗杯让热水带着热量充分温润品茗杯壁后将热水倾出；湿泡台可借助茶夹转动品茗杯后将热水倾出。

人多的茶会最好单独准备沸水进行温杯烫盏。且温杯烫盏要充分，可以借鉴潮汕工夫茶里的滚式温杯法——把品茗杯侧放于水盛或水碗里，沐以沸水，把品茗杯稍拿高，迅速转动品茗杯使其侧滚几圈，尔后取出；也可以把品茗杯并排放置于水盛等容器中，沐沸水至满溢，稍置片刻用茶夹取品茗杯将热水倾出。

无论用哪种方式温杯，温杯后如若品茗杯外壁有残留的水，可持杯于干净的茶巾上拭干，后再递回。

在气温、室温低时，茶香、茶味更不易发散，在冲泡茶时更需要做好充分的温壶、温杯、温盏工作。在冬季的北方，建议更换一套壁稍厚、持温性能好的公道杯和品茗杯，如此，茶汤便不会迅速冷却，香汤能保持较高水准，更能增强冬日饮茶的体验感。

区别于传统热饮法，冷泡、冷萃茶已经成为了茶的新兴饮法。这几年在服务茶饮品牌的过程中，有幸就茶的冷泡、冷萃方法做了大量的实验研究。与温杯、温壶、温盏相反，在做冷泡、冷萃时提前把公道杯、品茗杯等器具放至冰箱中降温至与冷泡、冷萃液相同

潮汕工夫茶中的滚杯

或更低的温度，用这样的器具品饮冷泡、冷萃的茶，甜度、香气等
体验感会更佳。

温润泡与洗茶

"凡烹茶先以热汤洗茶叶，去其尘垢冷气，烹之则美"（明钱椿年《制茶新谱》），"先以滚汤候少温洗茶，去其尘垢，以'定碗'盛之，俟冷点茶，则香气自发"（明文震亨《长物志》）。"洗茶"这个词在中国茶史上出现最多的时期是在明代，在明代的典籍记录中，对于如何洗茶也有详尽的记述。

"岕茶摘自山麓，山多浮沙，随雨辄下，即着于叶中。烹时不洗去沙土，最能败茶。必先盥手令洁，次用半沸水，扇扬稍和，洗之。水不沸，则水气不尽，反能败茶，毋得过劳以损其力。沙土既去，急于手中挤令极干，另以深口瓷合贮之，抖散待用"（许次纾《茶疏》），

"以竹箸夹茶于涤器中，反复涤荡，去尘土、黄叶、老梗使净，以手搦干，置涤器内盖定，少刻开视，色青香烈，急取沸水泼之"（冯可宾《岕茶笺》）。通过这两段的描述我们可以清晰地看出当时洗茶的缘由：明朱元璋"废团兴散"开始，散茶才逐渐大规模普及和流行，但初兴之时散茶的制作工艺不成熟，所以当时的散茶中常有黄叶、老梗、尘土等，针对这种情况，在明代还有专门

醒茶

的洗茶工具"以砂为之，制如碗式，上下二层，上层底穿数孔用洗茶，沙垢悉从孔中流出，最便"（文震亨《长物志》），"沸汤泼叶即起，洗鬲敛其出液，候汤可下指，即下洗鬲排荡沙沫；复起，并指控干，闭之茶藏候投。盖他茶欲按时分投，惟岕既经洗控，神理绵绵，止须上投耳"（周高起《洞山岕茶系》）。

　　随着制茶工艺的逐步完善，从明代中期开始"洗茶"逐步退出历史舞台。"岕茶用热汤洗过挤干。沸汤烹点，缘其气厚，不洗则味色过浓，香亦不发耳。自余名茶，俱不必洗"（明万历罗廪《茶解》）。保留"洗茶"的仅余岕茶一个品种，且其作用已经不是清洁，而是为了更好地发香醒茶。明许次纾在《茶疏》中介绍茶的烹点之法时，已无"洗茶"这环节："先握茶手中，俟汤既入壶，随手投茶汤。以盖覆定。三呼吸时，次满倾盂内，重投壶内，用

紧结的茶都需要温润泡（清香型铁观音）

以动荡香韵，兼色不沉滞。更三呼吸顷，以定其浮薄。然后泻以供客。"至清代，制茶工艺更加完善和成熟，茶叶在完成加工之后更有去老叶、枝蒂等精制环节——"既炒既焙，复拣去其中老叶、枝蒂，使之一色"（清初王草堂《茶说》），"洗茶"和洗茶器具自此彻底尘封进了历史。

我们现在冲泡乌龙茶、紧压的普洱茶、紧压白茶、熟普、六堡茶等茶类时，第一泡通常不饮，用来温润品茗杯或直接倒掉，用盖碗冲泡乌龙茶时还会有明显的刮去浮沫等细节，这个过程与明代洗茶不同，其主要的作用是润茶和湿醒茶。

沐以沸水，经过干燥、封藏和沉睡的茶叶吸水后逐渐苏醒和舒展，有利于后续冲泡时内含物质的逐渐浸出，温润泡的茶汤饮用与否，主要看这泡茶汤的品饮价值高低。

铁观音温润泡时，紧结的球形未舒展，此茶汤的内含物质浸出不足，香气、滋味略淡，所以不推荐饮用；岩茶和凤凰单丛温润泡时，如果茶的焙火程度较高，这一道茶汤中往往有很重的火味和火气，也不推荐饮用（近几年在冲泡工艺很好的山场茶时，有一些执壶者会把温润泡的茶汤留起，待茶至尾水再回头来饮，称之为"还魂汤"）；紧压茶类无论是普洱茶、白茶、黑茶，还是漳平水仙，如果以紧压的状态进行冲泡，温润泡的茶汤都会存在香气和滋味不足的状况，所以不推荐饮用；所有品类的老茶，温润泡的茶汤中陈味和仓储气息较重，且年份越老的茶苏醒越缓慢，温润泡的茶汤中香气和内含物质不足，因此不推荐饮用……

做型的各类再加工茶类推荐进行温润泡（做型的茉莉花茶）

紧压茶类推荐进行温润泡（生普）

福建农林大学园艺学院、福建农林大学茶叶科技与经济研究所叶乃兴、暨秀莲、何丽梅曾就温润泡对不同茶类有效成分浸出的影响做了专门研究。以 1∶50 的茶水比、沸水冲泡，观察茉莉毛峰、茉莉春螺、白牡丹、铁观音、肉桂、政和工夫红茶在 3 秒、13 秒、180 秒的冲泡时间中的水浸出情况。

表 1　不同冲泡时间茶叶水浸出物浸出率的差异比较

（单位：%）

茶样	浸泡时间（秒）		
	3	13	180
茉莉毛峰	6.9±1.4 bB	7.6±1.1 bB	23.2±2.1 aA
茉莉春螺	4.1±0.0 bB	5.2±0.6 bB	29.1±1.2 aA
白牡丹	4.8±0.3 cB	7.1±0.4 bB	16.4±1.8 aA
铁观音	3.2±0.2 bB	4.2±0.3 bB	10.5±2.1 aA
肉桂	8.7±0.3 bB	10.6±0.9 bB	25.9±3.4 aA
政和工夫红茶	5.8±0.5 cB	8.2±0.3 bB	25.6±1.4 aA

注：采用 Duncan's 新复极差法检验，同列数据后附相同大、小写字母者分别表示在 0.01、0.05 水平上差异不显著（下同）。

表 2　不同冲泡时间茶叶茶多酚浸出率的差异比较

（单位：%）

茶样	浸泡时间（秒）		
	3	13	180
茉莉毛峰	3.5±0.1bB	5.3±0.1bB	21.8±1.3aA
茉莉春螺	2.1±0.1bB	3.1±0.5bB	28.9±2.4aA
白牡丹	1.4±0.5bB	2.4±0.0bB	14.2±2.8aA

续表

茶样	浸泡时间（秒）		
	3	13	180
铁观音	1.4±0.5bB	1.8±0.1bB	8.2±1.1aA
肉桂	5.5±0.3bB	6.2±0.2bB	22.1±2.7aA
政和工夫红茶	2.3±0.1bB	2.9±0.2bB	13.2±1.1aA

表3　不同冲泡时间茶叶游离氨基酸的差异比较

（单位：%）

茶样	浸泡时间（秒）		
	3	13	180
茉莉毛峰	5.4±1.4cB	8.3±1.1bB	52.0±2.5aA
茉莉春螺	2.0±0.2bB	4.0±0.7bB	55.3±1.4aA
白牡丹	0.7±0.2bB	2.0±0.3bB	26.8±2.8aA
铁观音	0.7±0.1bB	1.0±0.1bB	10.0±1.7aA
肉桂	4.4±0.1bB	5.6±0.6bB	31.6±4.9aA
政和工夫红茶	1.4±0.1bB	3.1±0.3bB	35.9±0.8aA

表4　不同冲泡时间茶叶咖啡碱浸出率的差异比较

（单位：%）

茶样	浸泡时间（秒）		
	3	13	180
茉莉毛峰	6.3±0.1bB	9.5±0.8bB	38.2±1.4aA
茉莉春螺	4.6±0.5bB	6.2±0.7bB	52.2±2.4aA
白牡丹	4.5±0.7cB	10.2±1.0bB	51.3±8.4aA
铁观音	2.6±0.2bB	4.5±0.4bB	26.3±3.6aA

茶样	浸泡时间（秒）		
	3	13	180
肉桂	10.6±0.8bB	14.0±1.0bB	50.4±7.1aA
政和工夫红茶	5.9±0.4bB	7.7±0.3bB	36.6±3.0aA

表5 不同冲泡时间茶叶黄酮类化合物浸出率的差异比较

（单位：%）

茶样	浸泡时间（秒）		
	3	13	180
茉莉毛峰	5.7±0.7bB	7.0±0.2bB	26.9±1.2aA
茉莉春螺	3.5±0.6bB	5.7±0.6bB	27.2±1.6aA
白牡丹	4.3±1.3bB	7.0±1.7bB	23.5±3.2aA
铁观音	1.1±0.2bB	1.7±0.0bB	5.6±1.0aA
肉桂	6.5±0.6bB	8.9±0.9bB	20.4±5.2aA
政和工夫红茶	6.2±0.2bB	6.8±0.3bB	26.4±1.8aA

　　我们日常冲泡中的温润泡可以参照表3秒、13秒两项。对比几组数据可以看出在3秒和13秒这两个时间段，铁观音因其紧结程度较高，各项物质浸出率都相对较低；同样是茉莉花茶，茉莉春螺揉捻得更紧结，所以各项物质浸出较茉莉毛峰的浸出更少。由此可以充分印证所有紧压、紧结的茶都可以且有必要进行温润泡（视茶品紧结、紧压情况相应调整温润泡的时间）。

　　在3秒和13秒两个时间段，红茶（政和工夫红茶）、条形的岩茶（肉桂）、条形的茉莉花茶（茉莉毛峰），茶汤中已有大量内

红芽茶

含物质浸出，在工艺和存储没有问题的情况下推荐直接饮用； 散
白茶（白牡丹）因其不炒不揉的特殊工艺，与其他茶类相比，其内
含物质浸出较缓，在实际冲泡时可以温润泡。

　　此外，绿茶的第一泡中已有相当部分的营养物质浸出（表
6），所以在工艺、存储等没有问题的前提下，绿茶第一泡可以直
接饮用。

表 6　绿茶第一泡茶汤成分组成及浸出率（林鹤松，1988）

茶汤主要成分	浸出率（％）
多酚类总量	44.96
表没食子儿茶素	55.88
表没食子儿茶素没食子酸酯	38
游离氨基酸总量	81.58

茶汤主要成分	浸出率（％）
精氨酸	75.42
谷氨酸	89.49
茶氨酸	81.16
咖啡碱	66.71
可溶性糖	35.61

（《茶叶化学》 顾谦、 陆锦时、叶宝存 编著，中国科学技术出版社 2002 年版）

绿茶的第一道茶可以饮用

温润泡的作用是湿醒茶，它像跳水比赛中的起跳动作，直接关系着随后几泡茶的冲泡质量，不同的茶类在操作细节上有很多讲究。散茶类温润泡的时间不宜过长，茶被水浸润后便可以出汤，防止茶的内含物质浸出过多，老的散茶可相应增加一些坐杯时间；紧压、紧结状态的茶，压得越紧温润泡的时间越长，尽可能让其紧结的状态打开，茶头、碎银子类除外（茶头是普洱熟茶在发酵过程中果胶质析出粘住周围条索，出堆之时因其结块所以单独分筛出来，其在冲泡或煮饮时，条索不易展开；碎银子是人为冲压，无论如何冲煮，其紧结状态不会改变）。

需要注意的是温润泡的茶汤出尽后，不要着急进行冲泡，静置

老茶头

一下，让温润泡后的茶慢慢吸收水分后逐渐苏醒和伸展，老茶和紧压茶需要给予更长的静置时间（这个静置环节经常被大家忽视，但相当重要）。

绿茶、红茶、黄茶等第一泡茶汤饮用时，推荐尝试一下两段式注水法，第一段注水润茶、醒茶，待茶苏醒后再进行第二段注水，这样冲泡出的茶汤香、汤、味更佳。

我用本章节来阐述"温润泡"，但这第一泡茶汤到底饮用与否，决定权仍在您。这个世界上有太多社会化的规范和规则需要遵守，饮茶这件事儿是为数不多可以自己决定、自由掌控的。红茶、绿茶等茶类如果第一泡不习惯饮用，用少许水浸润茶叶后立即出掉茶汤即可。

醒茶

茶的生命有三生三世，第一世活在树上；第二世，花香茶味被制茶人"封印"在体内；第三世被你我复苏，绽放于茶盏、茶杯里。醒茶的狭义概念是成品茶在正式品饮之前，让被"封印"的茶适度接触空气、适应当地温湿度，缓慢苏醒的过程，其原理跟红酒的"醒酒"类似。从广义的角度讲，"醒茶"还包括新做出的茶褪火、内质沉淀和稳定的过程，这个过程与咖啡生豆烘焙完毕的"养豆"环节类似。

我们先从广义的"醒茶"环节讲起——所有新做出茶都不适宜马上品饮。绿茶、红茶、白茶（散）、黄茶、普洱茶生茶（散）、清香型乌龙茶、安化黑茶（散）、传统工艺六堡茶（散），刚经过干燥或烘焙，火燥气未散、同时此时茶的香气和茶汤并未达到最佳融合状态，以上茶类的最佳品饮期是自然静置在干燥、无异味、无太阳直射的环境里醒茶一周以后；中度、重度烘焙的乌龙茶要经历更长的褪火期，且焙火越重所需的褪火期越长，中度焙火的岩茶每年的最佳品饮期基本要从中秋节前后开始；紧压茶类，新压的茶饼、砖、沱等（无论白茶、普洱茶、黑茶还是六堡茶），蒸压的过

新制出的红茶、绿茶、白茶等所有茶品都需要十天左右的醒茶期待其品质稳定

程需要水蒸气的参与，这类茶需要一个月左右的"褪水"期，茶的香气、滋味和耐泡度等才能逐步恢复到最佳状态；经过渥堆发酵的茶（比如熟普和现代工艺六堡茶），发酵完毕的散茶需要几个月的"养堆"时间让发酵完毕的茶进一步稳定、内化，然后才能售卖或紧压。

随着信息和交通的发达，跨区域买茶已经变成常态，讲狭义的"醒茶"，我们需从经过长距离运输的成品茶开始。茶品收到以后，无论何种品类，在品饮之前最好进行3~5天左右的静置醒茶（拆除运输包装，于干燥、无异味、无太阳直射的环境中静置）——茶在运输途中，因为密封和长距离的颠簸，茶的香气和呈味物质会受到扰动，茶品需要时间回归相对稳定的状态；另外运输

有复焙工艺的茶品需要
更长的醒茶褪火时间

跨越的区域越远、两地气候差异越大，茶需要越长的时间来适应当地的温湿度——年份久的茶，特别是紧压茶需增加相应的静置醒茶时间。

谈到跨区域的流转，在深入介绍何如醒茶之前，我们有必要了解一下南方仓、北方仓、昆明仓的概念及其存储的茶品的具体表现。

南方仓的特点是仓储地气候温度湿度较大，以广东仓、香港仓、台湾仓、马来仓为代表，实际长江以南的大部分地区，比如湖南、湖北、江浙沪、广西等地，温湿度（特别是夏季）也很高，所以也笼统地归类到南方仓中。

在南方仓存储的茶，在较高温湿度的影响下，相对于昆明仓和北方仓，相同年份的同一款茶，茶汤更润、厚和滑；南方仓的茶转化较快，广东自然仓的茶，只需十年左右花果蜜香调便可转成木质香和陈香；南方仓的茶较容易转化出老的木质混合着陈香的"老味"（这个老味，很多北方茶人和刚喝茶不久的人不太容易接受）或药香。一些老的南方仓如果不注意控制湿度，茶很容易有闷而不爽的调子并带有湿潮气息和些许异杂味。

北方仓和昆明仓的特点是存储地的气候温湿度较低，同样年份的同一款茶品，香气更扬、鲜活度和生津回甘的力度更强，转化更慢。由于转化慢、仓储环境干燥、茶叶含水率低，若北方仓和昆明仓的茶跨区域流转到南方，很多南方茶客会反映茶汤中涩度略显、水路稍显粗、润度稍欠、茶汤厚度和饱满度低于南方仓的茶。

紧压茶类在饮用之前最好提前撬散醒茶

  气候和饮食习惯的不同，造就了南北方截然不同的饮茶偏好和品饮习惯。对于大部分北方和江浙沪一带的人而言，品茶更重视茶的鲜香气，对于老、陈、渥堆等气息的接受度较低，品饮老茶偏爱昆明仓和北方仓存放出来的香气和干爽。整体来讲由于当地气候本身干燥，北方茶友对于茶汤的干和细腻度并没有南方茶友那么敏感；南方的茶友们，特别是广东和福建地区，由于当地气候湿润，所以对茶汤的润度、干、涩度较为敏感，更偏爱当地仓储老茶的润、厚和滑。

  为了满足不同区域客户的品饮需求，前些年我们分别在深圳和昆明建立了仓储中心——同样的茶分别放在两个地方：昆明茶仓不刻意控温控湿，茶离墙离地、自然存放；深圳茶仓温度自然，湿度

小的紫砂罐或陶罐是很好的醒茶器具

珍藏的老生茶（年份越久的茶需要的醒茶时间越长）

小的锡制醒茶罐

在冲泡老茶的时候，经常用湿醒茶法

控制在 60% 以下。虽然提前做仓储数量的分配，在实际经营过程中经常遇到需要跨区域调货的情况，这为我们对比不同的仓储条件对茶后期转化的影响、如何更有效的醒茶提供了多年的实践经验。

对于日常经营来讲，一些追求鲜香的茶类，最好一次性备货充足，尤其是货源地、仓储地与当地温湿度差异较大的情况下，否则，隔几个月或半年补货（尤其是跨雨季），同一批次的茶品，在不同仓储环境下在香、汤等表现上会有可感知的差异。对于普洱茶、黑茶、六堡茶、白茶等茶类的老茶，如需跨区域流转，最好提前至少一个月进行准备，给茶足够的时间适应当地气候（茶越老，需要的时间越久）。

　　对于日常品饮来说，老茶和紧压茶如果不经过充分醒茶，特别容易出现茶汤偏干，香汤表现不佳的现象。老的散茶，特别是跨区域流转的，可以散放到适度透气的紫砂罐或者陶罐里（干燥、无异味、无太阳直射），自然醒茶一周以上；对于紧压类的茶品（无论是压成饼、砖、沱的普洱茶、白茶、黑茶等，还是以散茶状态压紧在箩筐里存储的六堡茶），需把成品茶撬散后放到适度透气的紫砂罐或陶罐里，醒茶一周以上，年份越长的茶品所需的干醒时间越长。此种醒茶方法的原理是让茶逐渐并充分适应当地气候、达到与当地温湿度平衡的状态，如此，品饮起来会更舒适和愉悦。此种醒茶方法对于从北方仓和昆明仓流转到南方的茶品，可以增加茶的厚度、润度、饱满度；对于南方仓流转到北方的茶，可以让茶更干爽，减少一些北方茶友不习惯的、潮湿的老陈气。

　　近年来越来越多的老茶回归到我们的生活里，除了老的普洱茶、六堡茶、黑茶、白茶外，常见的还有陈年的乌龙茶，较为典型的有陈香型铁观音（俗称"老铁"）、陈年台湾乌龙、陈年凤凰单丛和陈年的岩茶（如大红袍、水仙、肉桂、铁罗汉……）。常年往返于各大产区和各地终端，有幸较早接触和品饮到了这类老茶，现在把年份乌龙茶的干醒方法也分享给大家。

泡袋封装的年份乌龙茶：剪开密封的泡袋，放进陶罐或者紫砂罐中，于防潮、防异味、避太阳直射的环境中，自然放置一周左右（年份越久所需醒茶时间越长）。此类陈年茶由于常年在密封条件下，如不经过醒茶，很多焙火度相对高的陈年乌龙茶往往"火气"仍存、涩度较显、香汤味韵收敛、茶汤略显单薄。

传统罐装、散装的年份乌龙茶，如果在相对潮湿的地区存储（比如东南亚，以及香港、广东、台湾等地区），往往湿度略高，略有潮气甚至会有些异杂味。对于这类陈年的乌龙茶，先放进陶罐或者紫砂罐中，于防潮、防异味、避太阳直射的环境中，自然放置一周左右（年份越久所需醒茶时间越长），在品饮之前可以架在电陶炉、炭炉上，隔着素纸或者无异味的茶则、茶荷，稍作炙焙便可以提香、净味、去杂——用素纸隔火醒茶自古有之，这个步骤在传统潮汕工夫茶的行茶中有完整的留存。

以上向大家介绍的醒茶方法都属于干醒法，在品饮老茶的过程中，经常还会用到一些湿醒茶的方法：把老茶投入温润过的紫砂壶中，敞盖，移紫砂壶临沸水之上熏蒸——这种方法可祛除很多渥堆味以及老茶的陈味和异杂味；把老茶投入充分温润过的紫砂壶中，盖上壶盖（不注水），用沸水反复淋壶2~3次，稍置片刻，用壶内外温湿度加快老茶的苏醒，尔后敞盖静置后再进行温润泡……此外，温润泡是重要的湿醒茶过程（详见《温润泡与洗茶》篇）——干茶吸水、细胞慢慢苏醒后，更有利于内含物质的稳定、充分浸出。

冲泡
基础

水温、投茶量、冲泡时间是泡茶的三大要素，
它们对茶汤风味的影响是以加乘的方式存在的；
茶的冲泡次数，茶的存储，保质期和最佳品饮期，
是茶业饮茶者和从业者普遍关系的问题。

泡茶水温

"水为茶之母"，水是茶的风味载体，水温直接关系到茶内含物质的浸出以及香味物质的呈现，从而影响一泡茶的苦涩度、鲜甜度、香气的丰富度、汤感、滋味等。

在北京的泡茶教学课上，我曾让同学们把家里"不好喝"的茶带到课堂上，仅调节水温这一项因素，便可以让 80% 的茶变得适口和愉悦。本篇内容我会把水温对于茶汤的影响一一剖析给大家，解锁这个密码，相信你也拥有"化腐朽为神奇"的泡茶技能。

一、水温与茶汤的苦涩

在茶汤里，苦涩的呈味主要源自咖啡碱和茶多酚，水温越高，这两种物质浸出越充分。所以对于一些在高温冲泡下苦涩度较明显的茶，适度地降低水温，便可以降低茶汤中的苦涩度。

二、水温与茶汤的鲜甜

茶汤中鲜甜的呈味主要来自茶中氨基酸类物质，这类物质在稍低的水温中更凸显。水温过高，鲜甜感会丢失，甚至会带"熟味"，这一点在冲泡细嫩的绿茶、黄茶、红茶时尤需注意。

绿茶中除个别品种外，大部分采摘嫩度较高，其风味就在于万物初萌的一抹鲜嫩；细嫩黄茶、红茶（特别是纯芽类）的特有鲜甜是其区别于其他黄茶、红茶的高级感之所在。因此在冲泡细嫩的绿茶、黄茶、红茶时，水温的掌控尤为关键：冲泡细嫩的绿茶，水温可以选择 85℃~90℃；冲泡细嫩的黄茶、红茶，水温可以选择 90℃~93℃；对于采摘成熟度较高的红、绿、黄茶（比如两叶一芽

为了体现鲜爽、鲜甜，细嫩的绿茶通常用 85℃~90℃ 的水温冲泡

乌龙茶类用沸水冲泡更能激
发出其丰富的花香和内质

的品种），水温在此基础上可以相应提高。

对于第一年的新白茶和新生普，其鲜甜感也是重要的风味组成。在冲泡这两类茶时，不需要像细嫩的红、绿、黄茶降低较多水温，只需在水沸后稍作停留，在冲泡过程中注意适度敞盖便可。

这里需要注意的是，我们不能为了追求鲜甜而把水温降得过低，水温过低会丧失茶汤的其他风味——泡茶这件事儿，我们追求的是茶汤内含物质、香气等各项指标的动态最佳平衡。

三、水温与茶汤的香气

茶汤中的香气按照在不同水温中的释放表现可以划分为高温香和低温香。

茶中的部分香气比如嫩香、清香类在相对较低的水温中便可以释放，但大多数迷人的香气比如乌龙茶里馥郁而迷人的花果香等必须在高温冲泡中才能得到淋漓尽致的表现。另外，岩茶新焙火的火气、老茶的陈气，在水温较低的情况下会略显，在沸水冲、煮中反而不宜凸显；老茶（比如老的普洱、白茶、黑茶）中特有的枣香、药香等必须在高温冲煮中才能获得。

单就香气这一个因素，乌龙茶和各类老茶都最宜沸水冲泡。

四、水温与茶汤的汤感

茶汤的稠厚度和饱满度要在相对高的水温条件下才能得到充分体现，这点在冲泡古树茶、老树茶、老茶、普洱熟茶等需要体现茶汤稠厚度和饱满度的茶时尤为重要。

前些年之所以流行铁壶煮水，一个很重要的原因就是铁壶可以让水温相对长时间地保持在较高的温度，在冲泡老茶、普洱熟茶等茶类时，可以让茶汤的稠厚度、饱满度稳定地保持在较高的水平。

五、水温与茶汤滋味的丰富度

通常来说，水温越高，茶叶内含物质浸出越充分、茶汤的滋味越丰富。

国内外通行的茶叶审评中，所有茶类的审评均使用沸水。在此水温下，茶汤的内含物质相对充分浸出——高温沸水是把双刃剑，它可以让优质茶的香、汤、味、韵的优点充分绽放，同时也会让它的缺陷无所遁形。

用审评方法遴选出的茶，在冲泡时宜用高的水温。但完美的茶毕竟是极少的，对于大多数的茶而言，掌握泡茶的常识和技巧，把先天略有不足的茶，尽可能美好地表达出来，这是泡茶技能存在的最大价值。

用持续的高温冲泡，更能冲泡出普洱熟茶和各类老茶稠厚的汤感和丰富内质

六、冷泡法

冷泡茶是近些年随着新式茶饮流行起来的冲泡、品饮方法，因为服务新式茶饮品牌的机缘，国内所有的茶叶品种，我几乎都亲自做过冷泡实验。相对比较适合冷泡的茶类依次是绿茶、新白茶、黄茶、茉莉花茶、新的普洱生茶、轻发酵乌龙茶和红茶。

冷泡法可以把茶的鲜甜做另类的极致表达，更适合发酵度较轻或采摘嫩度高一些的茶品。对于追求内质的饱满度、丰富度、耐泡度的茶类来讲，冷泡法会降低其品饮价值。

冷泡的具体方法有很多种，除了专业的冷萃，分享一个日常易操作的方式：将茶投入矿泉水或纯净水中稍作摇晃（或用下投法：先投茶于容器中，再注入常温或冰水），然后自然放置或冰箱冷藏半个小时后便可饮用。

七、保持高水温的方法

煮水器的选择：材质上铁壶、陶壶、银壶都要比普通随手泡更保温；同样材质的煮水器，壶体厚的更保温。

主泡器具（壶和盖碗）的选择：壶比盖碗更保温；同样器型、材质的主泡器，壁厚者更保温；同样材质、厚度的主泡器，束口的器型会更保温。

八、降低水温的方法

煮水器可以选择壶壁较薄、有利于降温的品类；主泡器可以选择撇口的薄盖碗或者直接用不带盖的玻璃杯进行冲泡。另外在冲泡过程中可以通过敞盖、缓盖、不盖主泡器（盖碗、壶等）的盖，有效地降低水温。

银壶、铁壶、陶煮水是保
持较高冲泡水温的好方法

九、影响水温的因素

海拔决定着一个地区的基础水温，除非用类似高压锅的增压器具，否则并不可以提高水的沸点。

这里需要大家注意的是：海拔越高、大气压越低，水的沸点越低。同样一款茶在不同海拔的地方进行冲泡，其茶汤表现并不相同，这一点在选茶、试茶时尤其值得注意。高山云雾出好茶，很多茶的原产地，相对海拔较高、水的沸点相对较低，同样沸水冲泡，这些地方冲泡出的茶汤，其香甜感会比低海拔地区高且相对不易显苦涩。

投茶量

云南的大山里，阿爸捡来树枝，拢一方小火把漆黑的火塘点燃，转身便拿出自己的老陶罐——这个说不出年岁的老陶罐，陪着阿爸喝了一辈子茶。阿爸把陶罐放在火上烧热，抓一大把老帕卡（普洱茶的一个品种，用比较粗老的叶片制成）放进陶罐里抖上几下，热水一浇，细白的茶雾中便沸腾出一杯浓浓的烤茶。山里人喝茶浓酽，在田间地头，或者荷锄归来，浓浓的一杯下肚，止渴、提神、解乏。爱喝浓茶的还有北京的出租车、大巴车司机，大口径、大容量的水杯、保温杯里，至少有一半的空间留给茶叶舒展。北京的出租车司机特别健谈，天文地理、天南海北、国内国际，浓郁的京腔抑扬顿挫，说到兴处口干舌燥，拧开水杯，咕咚两大口，得一顿口舌舒坦。

江南人饮茶偏清淡，青翠的绿茶 2~3 克，玻璃杯里的鲜甜若有似无、时隐时现，细腻的回甘，含蓄、悠远，如《牡丹亭》里的低吟浅唱，似撑着油纸伞的女子，低眉浅笑间的温婉。碧螺春、西湖龙井、顾渚紫笋、阳羡茶……江南人的杯里清浅着草色遥看近却无的春天。这方山水的灵秀孕育出众多绿茶，近些年，岩茶和普洱茶在江南也生了根，但投茶量小，仍然很江南。

　　潮汕的工夫茶不像日本的茶道一样高高在上，它实实在在地属于这方土地上的每个人，无论是守着地头的农民还是街角小铺的商贩。潮汕人家家户户饮茶，朱泥壶和盖碗都很小，100毫升左右的盖碗或者壶里放进至少8克的茶叶，茶叶吸水后瞬间把盖碗和壶撑满，初来乍到的人总是好奇这么多的茶哪里还有容得下水的空间。

　　以内质见长的普洱茶是广东茶友的宠儿，质重的布朗山茶区的茶，特别是让其他地区茶友"苦不堪言"的老曼峨苦茶在广东拥趸无数。初到广东时，我便"遭遇"了广东的"老茶鬼"，普洱茶12克的投茶量（茶水比约1∶10）再加上重闷，这史无前例的口感让我开始重新思考投茶量的地域差异，一探"广式投茶量"的渊源。日本茶祖荣西禅师曾经两次入宋，学得中国的茶道和禅修之法，著有日本历史上第一本茶书《吃茶养生记》。在《茶的功能》篇中荣西禅师提到："南人者，谓广州等人。此地瘴热地也，瘴，此方云赤虫病也。唐都人补任到此，则十之九不归，食物味美难消，故多食槟榔子，吃茶，若不吃，则侵身也。"从荣西禅师的记述中我们可以推知，从唐代开始，因为地理位置和气候原因，为了抵御"瘴热"侵身，"吃茶"就是广东人日常中必不可少的一部分。

　　唐代陈藏器在《本草拾遗》中记述"新平县出皋卢，皋卢，茗之别称也"，"皋卢苦平，作饮止渴，除疫，不眠，利水道，明目，出南海诸山，南人极重"。广东人古来喜食浓苦之茶，是为了适应特殊湿热气候形成的地方性饮茶习惯。从教、从业十年多的

投茶入瓯

时间里，投茶量是经常被问及的问题——在中国茶的品饮体系里除
了专业的茶叶审评中有规定的茶水比外，并无定量的规定和要求。
它如中式食饮之中的"适量""少许""酌情"，这个开放的命题
状态，尊重的是饮茶人个体所处的不同区域、不同气候，不同时
令、不同的饮食结构以及不同的体质状况……中式哲学里对个体的
尊重落在每个日常具体的细节里：饮食起居讲究因时、因季、因地
而动，望闻问切讲究辨证到每个具体个人的当下状态——每个人的
每时每刻都不尽相同。

　　在实际应用中，我们研究投茶量更常用的是茶水比的概念。
单独讲投茶量，不考虑主泡器的容量大小以及注水量的问题，是无

大多数江南人饮茶喜恬淡

潮汕工夫茶的盖碗冲泡

袋泡的武夷岩茶，通常为 8.3 克或者 8.5 克

法进行严谨地对比和研究的——同样的茶、水、投茶量，用两个容量大小不同的主泡器（盖碗、壶等）进行冲泡，即使主泡器的器型和材质相同，分别泡出的茶汤在色香味韵上的都会有很大差异。在我国的茶叶审评中，审评红茶、绿茶、黄茶、白茶、花茶、黑茶、紧压茶一般采用的茶水比例是 1 : 50，红茶、绿茶、黄茶、花茶、常用 3 克茶配 150 毫升的水（审评盖碗），黑茶和紧压茶会用到 5 克茶配 250 毫升的水（审评盖杯）；审评乌龙茶类时，采用的茶水比为 1 : 22，通常用 5 克的茶配 110 毫升的水（审评盖碗）。

在闷泡时间、出汤速度、主泡器等其他变量不变的前提下，投茶量越大，单位时间内茶的水浸出物越多，滋味越浓厚，苦涩越显，茶汤颜色越深。以 150 毫升的盖碗和紫砂壶为例，红茶、绿茶、黄茶、白茶、花茶的建议投茶量是 3~5 克，普洱茶的建议投茶量是 5~7 克，乌龙茶的建议投茶量是 7~8 克（以上均可以根据个人情况进行相应添减）……

经常看到茶友在饮茶时照搬审评的茶水比或者强迫自己去适配别人的投茶量和茶水比——不要忘记我们为何出发，饮茶是为了愉悦我们自己的身心，多听听身体的声音，适合自己的茶水比和投茶量，我们的身体自己知道答案。

抛开与他人的个体差异不谈，我们自己在不同的饮食结构和身体状态下，对于同样的茶，体感舒适以及能耐受的投茶量和茶水比是不一样的。

我有一段纯素食且基本过午不食的经历，在茶品、冲泡手法、

虽说饮茶的浓淡因人而异，但不建议大家饮过浓的茶冲泡时间、用水用器等要素完全相同的情况下，乌龙茶和普洱茶类，身体舒适的最大投茶量在6克左右（150毫升盖碗），8克以上的投茶量会有明显身体"过载"的"醉茶"反应。但在刻意补充碳水化合物、蛋白质、油脂的茶季，身体可以无负担地承受每天大量、高浓度的闷泡审评和出品工作。

虽说饮茶的浓淡因人、因时、因地而异，但并不建议大家过量、过浓饮茶。"茶宜常饮，不宜多饮。常饮则心肺清凉，烦郁顿释。多饮则微伤脾肾，或泄或寒。"（明许次纾《茶疏》）

翻看历代典籍，古人的投茶量和茶水比并不大。蔡襄在《茶录》中对点茶的记载："钞茶一钱匕，先注汤调令极匀"（宋代的一钱，大约为今天的3.73克）；明代许次纾在《茶疏》中记述"容水半升者，最茶五分，其余以是增减"（按照明代的计量半升是536.85毫升，五分是1.5克）。

关于每人每天的适饮茶量，陈椽教授在《茶药学》中推荐："每天饮茶要适量，不可过多或太少，大约5~10克。"换算到日常饮茶中，一人独饮且完整的从第一冲饮至尾水，一天的饮茶量为2款茶左右；多人共饮的情况，因有多人共分茶汤，可相应增加茶品数量。

茶冲泡时间

"三呼吸时，次满倾盂内，重投壶内，用以动荡香韵，兼色不沉滞。更三呼吸顷，以定其浮薄。然后泻以供客。"这是明代许次纾在其《茶疏》中对"坐杯"这个冲泡细节的描述。"坐杯"是茶叶冲泡时的重要细节，它是指每次注水完毕后，不立即出汤，让茶与水充分融合的过程，如果这个过程中主泡器加盖密闭，这个过程俗称为"闷泡"。

坐杯时间不等于冲泡时间

每道（泡）茶汤中内含物质的浸出量是由投茶量、水温、注水方式和冲泡时间综合决定，根据所泡之茶，灵活地调节这四个变量，便能得到一泡满意的茶汤。请注意此处我用了冲泡时间而不是坐杯时间——茶一遇水便开始释放其内含物质，所以计量冲泡时间要从注水开始直至出汤结束，包括注水时长、坐杯时长以及出汤时长这三段。

冲泡时间与茶内含物质的浸出量呈正相关。在单次冲泡中冲泡时间越长，内含物质浸出越多。现在大多数的泡茶指导里，常会忽略注水和出汤时长，单纯提及坐杯时间，这是很多茶友严格按照指导来冲泡，但总左右不得法的原因。

"投茶量、水温、坐杯时间都按照说明，注水、出汤也很温柔，但为什么泡出的茶汤却总是苦涩度高呢？"这是我在教学和日常中经常被问到的问题——很多时候，温柔的注水、出汤意味着注水和出汤时间较长，这时要相应地缩短坐杯时长，这样才能平衡整个冲泡时间。

泡茶是灵活运用各种变量，求得最佳平衡的艺术。冲泡时间无法单独定量，它需要与水温、茶水比、冲泡手法等配合使用。

在西湖龙井、茉莉花茶等的茶艺表演中，会用"凤凰三点头"或旋冲等冲击力较大的注水方式让茶在玻璃杯或盖碗里旋转，且

冲击力比较大的注水方式

其坐杯和冲泡时间都比较长,这是因为此场景中冲泡水温通常是90℃左右甚至更低,茶水比通常为1∶50或者更小——水温较低、茶水比较小的情况下,茶的内含物质浸出较少,冲击力较大的注水方式在激发其香气的同时可以让茶的内含物质在单位时间内浸出更快,更长的冲泡时间可以增加茶内含物质的浸出量。

在潮汕当地,执壶者在冲泡工夫茶时冲泡时间非常短(注水出汤速度很快且前几泡几乎没有坐杯时间),这是因为当地的饮茶习惯中茶水比高(容量100~110毫升左右的盖碗里投茶量可以高达10克甚至以上)且用沸水高冲,这样的冲泡方式会使单位时间内茶叶内含物质的浸出量大且浸出速度快,所以必须缩短冲泡时间来平衡茶味。

冲泡时间与茶叶的整碎

在日常冲泡时，一定要注意观察干茶的整碎程度。干茶越碎，单位时间内其内含物质浸出越快，所以一定要缩短冲泡时间以作平衡，这点在冲泡饼、砖、沱等紧压茶时尤为重要。饼砖沱茶等紧压茶（普洱、白茶、黑茶等）在冲泡时大都需要撬取干茶——每个人的撬茶方式不同，所得干茶的整碎差异较大，所以不能机械地照搬同一个冲泡时间。

冲泡时间和耐泡度

耐泡度是判断一款茶好坏的重要指标之一，很多人认为茶可冲泡的次数（泡数）越多，代表茶的耐泡度越好。但茶的可冲泡次数

潮汕工夫茶的冲泡

冲泡过程中的"多透少闷"

受多个因素影响。

一泡茶的内含物质总浸出量是恒定的，在投茶量、水温、冲泡方式等相同的情况下，每道（泡）茶的冲泡时间越短，其可冲泡的次数就越多。

投茶量、水温、冲泡方式、冲泡时间这四个因素中同时变动其中两项或三项，可冲泡的次数波动更大。经常有"聪明"的商家为了显示茶的耐泡度，增加投茶量的同时减少冲泡时间平衡每泡茶的浓度，这泡茶的可冲泡次数就会大大增多。

耐泡度的比较一定要在投茶量、水温、冲泡方式、冲泡时间等同的前提下进行，不谈投茶量、水温、冲泡方式、冲泡时间，单论一个茶的耐泡度（可冲泡次数）是不严谨的。

冲泡时间的通行规律及应用

通常来讲，茶在前几次冲泡时内含物质会以较快的速度浸出而后逐渐放缓，所以日常冲泡时随着冲泡次数的增加可逐次增加冲泡时间，让茶汤在整个冲泡过程中尽可能均匀稳定。

有一些行茶的小技巧可以分享给大家：

在行茶的中尾段增加冲泡时间时可以通过适度敞盖或闷泡的方式平衡茶汤内含物质的浸出。

绿茶、黄茶、新白茶、新生普、轻发酵乌龙茶、红茶类：中尾段增加冲泡时间时，在注水、出汤和坐杯的过程中可以适度敞盖、多透少闷——过度的闷泡会让茶的鲜度和爽度降低，增加茶汤中闷味和熟气。

老茶（老白茶、老生普、老六堡茶、老黑茶）、熟普、现代工艺六堡茶：中尾段增加冲泡时间时，在注水、出汤和坐杯的过程中注意多闷少透——保持较高的温度能让这些茶中的内含物质更充分浸出。

岩茶、凤凰单丛等乌龙茶在中尾段冲泡时，视茶的制作工艺适度透闷：发酵度、焙火度偏轻的多透少闷，发酵度和焙火度偏重的可以少透多闷。

另外，在茶会等不确定茶友喜好的场合，可以通过冲泡时间来调节茶汤的浓度和表现——这是连续参展茶博会积累的重要实践经验。

在备茶时可以按照通行的茶水比来准备投茶量（参照《投茶量》篇）。执壶时，第一道（泡）茶汤按照自己的习惯正常冲泡，席间询问茶友对于茶汤浓度的反馈，在下一次冲泡时相应增加或者减少冲泡时间。遇到口味偏淡的新茶人与喜好浓酽的"老茶鬼"同席的情况，可以一道（泡）缩短冲泡时间照顾新茶人，下一道（泡）增加冲泡时间照顾喜欢味重的"老茶鬼"。

关于冲泡时间的小贴士

由于茶的冲泡时间与内含物质的浸出量呈正相关，茶的冲泡时

老茶冲泡过程中的「多闷少透」

间越长，茶中的咖啡碱、茶多酚等物质越多，茶味越浓。虽说茶的浓淡由人，但是不建议大家过浓饮茶——过浓的茶对口腔黏膜和肠胃的刺激较大，且短时间内摄入大量咖啡碱加上血糖骤降会有"醉茶"的风险（醉茶的症状有：烦躁、失眠、胃肠紊乱、思维涣散、四肢无力、恶心、干呕、心悸、心慌，手发抖等）。

茶的冲泡次数
与耐泡度

　　我们在品饮乌龙茶时常说"七泡有余香"，"七泡有余香"表述的就是茶的可冲泡次数和耐泡度（可冲泡次数和耐泡度是同一个指标的不同描述方式：在其他所有变量等同的情况下，茶的可冲泡次数越多代表其耐泡度越高）。了解茶的可冲泡次数／耐泡度是我们在泡茶时灵活运用各种泡茶变量（水温、投茶量、冲泡手法、冲泡时间等）、控制泡茶节奏的重要前提。

　　除此之外，茶的冲泡次数（耐泡度），是我们判断一款茶质量好坏的重要指标，所以对它的深入探索十分重要——我们先来看一下影响冲泡次数（耐泡度）的具体因素。

一、原料等级

　　在其他所有变量（品种、树龄、制作、季节、生长环境等）相同的情况下，通常来讲原料等级越高（采摘的芽叶越幼嫩）其成品茶可冲泡次数越少（粗老的茶除外）。

纯芽头的采摘，不同采摘级别会影响成品茶的耐泡度

　　从茶类上讲乌龙茶和普洱茶采摘标准通常是二叶一芽开面采，所以整体来讲，其可冲泡次数比其他茶类多（耐泡度相对更高）；绿茶整体采摘偏幼嫩（太平猴魁和六安瓜片等个别茶品除外），所以绿茶普遍的可冲泡次数较少（耐泡度较低）。

　　具体到茶类里——白茶中的白牡丹（采摘标准是一芽一叶到两叶）比白毫银针（采摘标准为单芽）相对更耐泡；滇红工夫里金针类（采摘标准是一芽一叶到两叶）比金芽类（采摘标准为单芽）更耐泡；黄茶里黄小茶、黄大茶（采摘标准一芽一叶到两个叶）比黄芽茶（采摘标准为单芽）更耐泡……

二、采摘季节与采摘养护

在其他所有变量相同的情况下，春茶相比夏秋茶更耐泡。这是因为春茶的生长期更长，且冬季气温低、茶树自身消耗更少，所以内含物质的累积更多。

过度采摘或者过度管理，虽然可以短时间增加产量，但会让茶的内质下降，从而影响茶的耐泡度。

采摘轮次、季节、茶树管理都是影响成品茶耐泡度的重要因素（图为云南南糯山古树茶基地）

云南茶树以大叶种闻名，包括：勐库大叶种、邦东黑大叶、凤庆大叶种、勐海大叶种、易武绿芽种等

三、茶树品种

不同茶树品种之间，尤其是不同叶种之间，茶叶的水浸出总量有很大区别。通常来讲，在原料等级、制作工艺等相同的情况下，以大叶种茶树品种为原料制成的成品茶要比小叶种更耐泡：比如在红茶里，大叶种的滇红工夫红茶相比同等原料、工艺的中小叶种红茶总浸出物更多、相对更耐泡。

四、树龄

余秋雨先生说普洱茶是中国文化的极端之美，对于普洱茶，古树茶是这极端之美的尽头。每年茶季，对于热爱普洱茶的茶友们而言，古树茶的上市是最关注的话题。扎根在云南茶区做茶，在朋友圈分享一线生产情况时我常说"古树茶且等等"——对于茶树而言，树龄越大，每年春天发芽越晚——平均而言，云南古茶树的发芽时间比小茶树晚半个月左右。发芽晚、生长周期长，再加上古茶树本身根系深且发达，发芽和采摘轮次少，所以相对于小茶树来讲，其制成的成品茶更耐泡（进入衰老期的茶树除外）。

随着饮茶文化的深入，树龄这种原料细分方式已经深入到了各大茶区和品类中：武夷山的老丛水仙、凤凰山的老丛单丛、杭州的老树龙井、福鼎的老树白茶等也是同样的道理。

树龄是影响成品茶耐泡度的重要因素。除了云南，潮州的凤凰山也有很多古茶树（图为凤凰单丛 七百年树龄的宋茶王）

五、茶树生长的小微环境

茶树生长的小微环境会影响茶树的生长周期和新梢的物质积累。

在同样的大茶区（比如安吉、蒙顶山等），高海拔的茶比平地茶平均上市时间晚一周以上——高海拔地区茶树生长周期长，年平均代谢支出更少，在树龄、品种等相同的情况下，其鲜叶制成的成品茶内含物质更丰富、相对更耐泡。

武夷山正岩核心产区中长在坑涧里的茶树，良好的云雾、优质的土壤，再加上坑涧不可复制的地理和常年的漫反射条件，让这里的茶不仅香气迷人、滋味饱满、内质丰富、还十分耐泡——在品种、树龄等条件相同的情况下，这是核心产区之外的茶不可比拟的。

六、揉捻工艺

揉捻是制茶工艺中重要的环节，其作用除了塑形以外，最重要的是"破壁"——茶在揉捻的过程中表层的细胞壁会被不同程度地破坏，这样成品茶遇水后茶的内含物质更容易浸出到水中。

揉捻与否、揉捻轻重决定了成品茶内含物质的浸出速率——不揉捻的茶类内含物质浸出最慢，揉捻轻的茶品比揉捻重的茶品内含物质浸出慢。同样一款茶，其内含物质的总浸出量是恒定的，在水温、投茶量、冲泡手法、冲泡时间等条件相同的情况下，不揉捻、揉捻轻的茶品因为内含物质浸出更慢，所以其可冲泡的次数更多。

茶树所处的小微环境会影响茶叶内含物质的累积从而影响茶的耐泡度（图为武夷岩茶核心产区）

以上从茶树生长、种质、采摘、制作等环节列举了影响一款茶可冲泡次数（耐泡度）的常见因素，以下我们从泡茶过程中看，还有哪些因素会影响一款茶的可冲泡次数／耐泡度。

七、干茶的整碎程度

干茶的整碎程度是备茶环节需要特别注意的细节——干茶越碎，短时间内物质浸出越快，其可冲泡次数就会大大减少，如果极端到类似红碎茶的程度，内含物质在一次冲泡内便几乎全部浸出。

散茶在运输途中因为颠簸挤压容易产生破碎，特别是像岩茶这类经过复焙干燥的品种，茶叶含水率低，在运输途中极易产生破

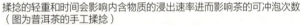
揉捻的轻重和时间会影响内含物质的浸出速率进而影响茶的可冲泡次数（图为普洱茶的手工揉捻）

碎（国标中乌龙茶类要求碎茶率小于等于 16% 便可），所以在接待客人、组织茶会时最好不要直接开盲盒一样开袋泡茶（特别是岩茶），可以提前打开、检查后装入小茶罐内，这样就可以避免破碎严重的几泡被随机抽中的尴尬。

对于需要撬取干茶的紧压茶类，在撬茶的过程中尽量保持干茶的相对完整性，这样可以增加茶叶冲泡的稳定性。品鉴或者接待的场景中，尽可能取条索相对完整的部分——太碎的部分，内含物质短时间内大量浸出，茶汤极易过浓，影响到香气、滋味、耐泡度的同时，大大增加冲泡难度。

八、投茶量和冲泡时间

增加投茶量，在不改变水温、注水方式的情况下，只需减少冲泡的时长，便可以在稳定茶汤表现的前提下，增加一泡茶的可冲泡次数——这个方法可以在组织茶会等多人品茗的情况下使用。作为品茗者，用耐泡度去辅助判断一款茶的质量好坏时，一定不要忘记这些变量。

了解茶可冲泡次数（耐泡度）的意义

咖啡讲究在一次冲煮过程中对内含物质的相对完全萃取，泡茶则是一场极具东方审美的冲泡艺术——它讲究的是茶从第一杯到最后一杯间的杯杯递进、流畅过渡：从逐渐苏醒到渐入佳境，从高潮迭起到逐渐落幕。知晓茶的可冲泡次数就如知道了这舞台剧总共的幕数，在每一次冲泡过程中就能灵活运用冲泡方式和冲泡时间，避免前后浓淡、风味落差太大，使每一"幕"之间起承转合有序衔接，幕落杯停还有余味连绵犹如余音绕梁、耐人寻味。

比如对于一款可冲泡次数只有三次的茶，我们需要控制茶叶内含物质在三次冲泡之间的稳定以及尽可能均衡地浸出——第一次冲泡时切忌用激烈的注水方式、较长的冲泡时间，否则留给第二、三次冲泡时可浸出的内含物质就大大减少了；茶叶内含物质的浸出速率从第一次冲泡起会经历慢、快、慢的节奏，面对一款可冲泡次数有七次的茶时，我们需要控制好水温、冲泡方式、冲泡时间等全部变量，尽可能让每泡茶汤的浸出物质平稳、顺滑的过渡，避免出现忽浓忽淡、忽上忽下的表现。

茶的存储

　　茶叶主产于我国温暖湿润的南方地区，再加上大部分优质茶品只产于春季，所以如何妥善保存茶叶、让茶品可以安然地陪我们度过至少一整年，便成了古今茶人需要研究的重要课题。

　　陆羽在《茶经》中记载了专门用来存储茶叶的工具：育——"育，以木制之，以竹编之，以纸糊之。中有隔，上有覆，下有床，旁有门，掩一扇。中置一器，贮煻煨火，令煴煴然。江南梅雨时，焚之以火"，育中日常有无焰温火以保持茶叶干燥，江南梅雨时节，则要加火除湿。

　　宋徽宗在《大观茶论》中曰：茶的存储要"用久竹漆器中缄藏之，阴润勿开"；宋蔡襄在《茶录》中介绍了另外一种茶的存储方式："茶宜蒻叶而畏香药，喜温燥而忌湿冷。故收藏之以蒻叶封裹入焙中，两三日一次用火，常如人体温温，以御湿润。若火多，则茶焦不可食。"

　　宋徽宗和蔡襄在论及茶的存储时，不仅都特别强调了要防潮（"阴润""湿冷"），更进一步提出了密封（"缄藏""封裹"）和防异味（"畏香药"）的存储细节。值得一提的是二人记述的用竹器和箬叶贮藏茶叶的方法如今仍在沿用：云南的竹筒茶把茶叶存储在竹子中，普洱茶的传统外包装大都是竹笋壳封裹，安化黑茶中的天尖类传统上是用箬叶包裹……

明代前期在茶叶存储上延续了宋代箬叶密封加"育"的存茶之法："茶宜箬叶而收，喜温燥而忌湿冷，入于焙中。焙用木为之，上隔盛茶，下隔置火，仍用箬叶盖其上，以收火气。两三日一次，常如人体温温，则御湿润以养茶，若火多则茶焦。不入焙者，宜以箬笼密封之，盛置高处。"（朱权《茶谱》）。

明代中期，对茶叶存储的研究，进一步扩展和细化。许次纾在《茶疏》中用了大量篇幅来讲述茶的存储。

"必在板房，不宜土室。板房则燥，土室则蒸。又要透风，勿

普洱茶的包装方式延续了传统

六堡茶的篓装存储

置幽隐"，许次纾对茶叶存储的研究扩展到了存储空间，强调存储空间的干燥、通风，这一点对后世乃至今天都有重要的指导意义。

"收藏宜用瓷瓮，大容一二十斤。四围厚箬，中则贮茶，须极燥极新，专供此事，久乃愈佳，不必岁易。茶须筑实，仍用厚箬填紧，瓮口再加以箬，以真皮纸包之，以苎麻紧扎，压以大新砖，勿令微风得入，可以接新"；"日用所需，贮小罂中，箬包苎扎，亦勿见风。宜即置之案头，勿顿巾箱书簏，尤忌与食器同处。并香药则染香药，并海味则染海味，其他以类而推。不过一夕，黄矣变矣"。 在如上的文字中，许次纾详细介绍了一二十斤大批量茶和日常用茶的储存方式，再次强调了茶叶存储中需要注意的密封和防异味。

清代袁枚的《随园食单》中，记录了用灰缸来存贮龙井的方法："收法须用小纸包，每包四两，放石灰坛中，过十日则换石灰，上用纸盖扎住，否则气出而色味全变矣。"利用石灰吸收水分的特点来保持茶叶的干度，这是茶叶"防潮"中除了传统焙火之外另一种方法。

防潮、防异味这些从唐代开始就总结出来的存茶之要，是我们在存储所有茶时都必须遵循的，此外，在存储中我们还应注意避光、避免太阳光线直射。

光能影响茶叶内含物质的稳定性，促进植物色素或脂质的氧化，太阳直射产生的热能会促进茶的氧化和陈化。所以茶品切勿长期接受太阳直射或直接存放于透明的包装（玻璃容器、包装袋）

柴烧陶存茶罐（陶罐适宜存放适度透气的
茶类：普洱茶、六堡茶、安化黑茶等）

瓷罐适合存放需要密封存储的茶类

内，否则会加速茶叶的氧化和变色、产生不愉悦的香气，且时间越久对其香气、滋味的影响越大。

绿茶、红茶、黄茶、白茶、乌龙茶需要密封保存，黑茶类（常见茶品有普洱茶、六堡茶、安化黑茶、雅安藏茶等，下同）的后期转化需要适度的透气性，所以黑茶类的包装方式与其他五大茶类不同——常用棉纸包装或箬叶配合竹篓或竹筐，因为这一特性，所以对存储环境的要求较高。

黑茶类的存储，在偏干燥的北方、昆明等地区，离地离墙放置，注意存放环境的洁净、无太阳直射、无异味便可。比较潮湿的地区除了做好离地离墙，注意存放环境的洁净、无太阳直射、无异味外，还要注意空气湿度：整件、整提存放时，按照国家标准，当空气湿度低于70%，自然放置即可；如湿度超过70%，优先开启抽湿设备，如果没有抽湿设备，可暂时将茶密封，湿度降低后再解除密封供茶叶呼吸。另外，无论是在南方还是北方，推荐将单饼或散茶放置于不同规格的存茶罐（材质推荐陶或瓷）中，这样更方便存储。

专业仓储的温湿度控制可以参照各类茶储存的国家标准（GB/T30375）：

绿茶贮存宜控制温度 10℃ 以下，相对湿度 50% 以下；

红茶贮存宜控制温度 25℃ 以下，相对湿度 50% 以下；

乌龙茶贮存宜控制温度 25℃ 以下，相对湿度 50% 以下，对于

小紫砂存、醒茶罐（图右香炉旁）

文火烘干的乌龙茶贮存，宜控制温度10℃以下；

黄茶贮存宜控制温度10℃以下，相对湿度50%以下；

白茶贮存宜控制温度25℃以下，相对湿度50%以下；

花茶贮存宜控制温度25℃以下，相对湿度50%以下；

黑茶贮存宜控制温度25℃以下，相对湿度70%以下；

紧压茶贮存宜控制温度25℃以下，相对湿度70%以下。

在茶的日常存储和饮用中还有一些细节需注意：茶从罐或包装里取用完毕后须立即封好（尤其是夏天）；以洁净、干燥、不带任何香气、异味的手取用散茶，避免用手直接抓取茶叶，如无法避免，须戴专业的密闭性好的手套；专业仓库尽量在雨季少打开和出入茶仓库，最好有专门的抽湿设备以控制整体存储空间湿度。

如果一定要用冷柜存储茶品，它较适用的是绿茶和轻发酵无焙火的乌龙茶类，其他茶类无需用冷柜存储；在用冷柜存储时需要注

普洱茶仓——专业存储需要注意控制仓储空间的温湿度等

意的是冷柜要专用，非专用的冷柜往往湿度过大，且密封过的茶放入日常冷柜、箱中仍会吸收冰柜中的异味——日常家庭饮茶大可不必购买专用冷柜。

温度、湿度和氧气含量是影响茶叶品质的重要因素，温度越高、湿度越大、越透气，茶叶的品质变化越快。在六大茶类中，白茶类和黑茶类在后期的存储中一直处于不断变化的过程中，绿茶、黄茶、乌龙茶、红茶这四类尽管我们想尽一切办法尽可能地保持和稳定茶的品质，但是即使在极致的保存环境中，变化都是不可避免的。

表 1　不同温度条件绿茶贮藏过程茶叶品质成分变化
（陆锦时，1994）

贮藏温度	成分含量	贮藏前	四个月	八个月	十二个月
低温 （5℃~0℃）	水分	8.33	8.40	8.35	8.56
	茶多酚	23.91	23.82	22.85	22.38
	品质总分	100	95.0	90.0	86.7
	水分	8.33	8.69	9.51	9.74
室温	茶多酚	23.91	23.79	22.31	21.37
	品质总分	100	85.7	75.9	68.7
	水分	8.33	8.44	8.55	8.59
定温 （25℃±2℃）	茶多酚	23.91	23.34	22.06	21.15
	品质总分	100	78.3	68.1	61.5

（《茶叶化学》顾谦、陆锦时、叶宝存 编著，中国科学技术出版社 2002 年版）

我们可以看到即使是在 0℃~5℃ 的专业储存下，绿茶的品质总分仍从 100℃降到 86.7℃，自然室温下和恒温 25℃的存储环境中，品质总分直接降至 68.7 和 61.5（之所以恒温会更低，因为在国内春秋冬三季自然室温会低于 25℃）。

表 2　煎茶（绿茶）贮藏过程中香气成分的变化
（原利男，1979）

香气成分	贮藏前	5℃ 贮藏		25℃ 贮藏	
		二个月	四个月	二个月	四个月
1- 戊烯 -3- 醇	/	/	55	32	94
二甲硫	59	38	33	16	13
顺 -2- 戊烯 -1- 醇	/	/	26	15	45
顺 -3- 已烯 -1- 醇	16	17	29	26	60
正壬醛	104	69	51	24	22
2,4- 庚二烯醛	/	/	17	/	16
3,5- 辛二烯 -2- 酮	/	/	14	12	17
沉香醇	100	100	100	100	100
1- 辛醇	95	88	86	86	85
顺 -3- 己烯 -己酸酯	85	68	65	46	36
橙花叔醇	130	123	125	133	130

注：表中数值均以沉香醇的气相色谱峰为 100 的相对值。
（《茶叶化学》 顾谦、陆锦时、叶宝存 编著，中国科学技术出版社 2002 年版）

我们可以看到即使在 5℃的低温专业储藏下，新茶的所有愉悦香气类二甲硫（煎茶的海苔类香）、正壬醛（玫瑰类香气）、

顺 -3- 己烯 - 己酸酯（果香类香气）、1- 辛醇（柠檬类香气）、橙花叔醇（花香类香气物质，根据含量和其他香气物质的比例，可以呈现出橙花香、玫瑰花香、铃兰香、苹果花香等）均在下降，其他不愉悦香气均随时间在递增（这个变化在 25℃的存储环境中更大、更明显）。

通常，发酵度越高的茶，其稳定性相对越高（排除具有后期转化的白茶类和黑茶类，其他四大茶类按照发酵度由低到高的排序依次为：绿茶、黄茶、乌龙茶、红茶）。我们一起来看一下红茶在17℃的温度下，贮藏 6 周的香气变化。

表3　红茶在 17℃贮藏六周后香气成分的变化
（G. V. STASTAGG, 1974）

香气成分	贮藏前	贮藏后
苯乙醇	2	0
橙花醇 + 牻牛儿醇	2	0
苯乙醛	51	29
反己醇	31	15
顺戊烯醇	57	32
反己醛	278	143
异戊醇	82	10
甲醇、乙醇、丁醇	1820	961
甲酸乙酯、乙酸乙酯	160	753
正戊醇	2	55
其它香气成分	641	584
香气物质总量	3126	2582

（《茶叶化学》 顾谦、陆锦时、叶宝存 编著，中国科学技术出版社 2002 年版）

　　通过上表可以清晰看出，这六周里香气总物质明显减少且花果香类香气物质（苯乙醇、橙花醇、牻牛儿醇）以及对品质有利的异丁醛、醇类显著减少，甲酸乙酯、乙酸乙酯、正戊醇等陈味物质显著增加。

　　我们用尽一切存储方式来保持成品茶的鲜活和稳定，但时间的向前，物质的衰变终究是挡不住的——明晰这一点对于终端经营和每个饮茶人都有十分重要的意义。

　　对于终端经营来讲，即使是红茶这样相对稳定的茶品，当货源地的仓储环境与自己所在区域有较大温湿度的差异时，最好一次性地把货补足，否则间隔一到两个月（尤其在跨越夏季时）茶的品质在两地的变化就会有明显可感的差异。

　　对于我们饮茶人来讲，时隔几个月去买茶或品饮同一款茶，我们要接受同样一款茶在色香味上有些差异——我们没办法让时间停留，没办法让青春永驻，用再好的存储方式也无法阻止茶在时光里的变化。不过分执着留在过去的那一杯茶，用心去感受当下茶汤里的色香味韵——时间里，悄然变化的何止茶，还有我们。

茶的保质期与
最佳品饮期

茶自唐代开始兴盛一路发展到现在，从品饮期上讲，我们关于茶的审美经历了从单纯推崇新茶、到可以接受并欣赏陈茶的发展过程。

唐卢仝在《走笔谢孟谏议寄新茶》中说"摘鲜焙芳旋封裹，至精至好且不奢"，宋苏东坡云"且将新火试新茶，诗酒趁年华"，宋欧阳修在《尝新茶呈圣俞》中说"建安三千里，京师三月尝新茶。人情好先务取胜，百物贵早相矜夸"，明魏时敏在诗中云"待到春风二三月，石炉敲火试新茶"，清乾隆皇帝曰"龙井新茶龙井泉，一家风味称烹煎"……茶自唐宋到 20 世纪 90 年代，主流的茶品是绿茶类，所以主流的饮茶风尚一直是"茶贵新"。

明代朱元璋"废团兴散"以后，黄茶、黑茶、白茶类开始登上历史舞台，清代时红茶和乌龙茶开始粉墨登场，但相对于绿茶正统的、主流的地位，其他茶类到 20 世纪 90 年代之前在我国都是地方性、区域性的。陈茶的审美是伴随普洱茶、岩茶等茶类在全国的流行，逐步从局部开始普及开来。

老的普洱生茶砖

福鼎老白茶

"茶。点苍。树高二丈。性不减阳羡。藏之愈久味愈胜也。"（李元阳《嘉靖大理府志》）在明代，人们在日常的饮用实践中发现茶不仅新的好喝，很多茶类"藏之愈久味愈盛"；"雨前虽好但嫌新，火气难除莫近唇。藏得深红三倍价，家家卖弄隔年陈"，周工亮记录了清代武夷茶的情况，武夷茶因为焙火稍重的缘故，隔年的陈茶退去火气，会更受市场欢迎；"新茶清而无骨，旧茶浓而少芬，必新旧合拌，色味得宜，嗅之而香，啜之而甘，虽历数时，芳留齿颊，方为上品"，连横在《茗谈》中记录了武夷岩茶新茶、陈茶的拼配之法——武夷岩茶从清代起就不以极新的茶为佳。

白茶、安茶、黑茶、六堡茶、普洱茶等陈茶的饮用，最初是来自地区、民间的保健、养生经验。"南乡周义顺（安茶，黑茶类，产自祁门）之产品，有百年之历史，在两广颇负盛名，岭南郎中尝用安茶作药饮"；白茶在民间有"一年茶、三年药、七年宝"，"治疗热症，功同犀角"的说法；另外在安化、梧州、云南、安溪等茶产区，当地茶农都有存些老茶做药用的习惯和习俗。

"陈"这一风味得以进入大众饮茶的审美，归功于普洱茶的流行和普及。普洱茶的出产地在云南，但 2000 年之前，其主要消费地在台湾、香港、东南亚和广东——这几个地区因为湿热的气候历来就有饮茶、存茶、饮老茶的习惯，从 20 世纪 90 年代开始，大批台湾、广东茶人陆续进入云南做茶，普洱茶和"越陈越香"的新审美由此开始逐渐传播到全国各地。

2005 年以后，白茶乘着"越陈越香"的东风，以"一年茶、

陈香型铁观音

三年药、七年宝"的口号，成为茶界的新势力并迅速火遍大江南北。近些年陈年铁观音、陈年岩茶也陆续回归到茶的舞台。

　　2016年1月21日，国家标准化管理委员会批准GB/T30357.2—2013《乌龙茶第2部分：铁观音》国家标准第1号修改，增加了"陈香型铁观音"的定义和感官指标（陈香型铁观音：以铁观音毛茶为原料，经过拣梗、筛分、拼配、烘焙、贮存五年以上等独特工艺制成的具有陈香品质特征的铁观音产品），并于2016年4月26日正式实施。

1977 年的老岩茶

随着陈年岩茶的回归，2022年1月30日，武夷山市市场监督管理局对武夷岩茶保质期进行重新说明和规定：按照武夷岩茶传统的加工制作工艺，在符合GB/T30375规定的贮存条件下，企业可根据焙火程度，自行承诺并标注有效期限；茶企业可自主对库存的茶叶进行检验，认为经长期保存、对产品质量没有影响的岩茶产品，在满足GB/T30375规定的乌龙茶贮存条件下，可在外包装的保质期一栏标注"本产品可长期保存"。

以上简略地为大家梳理了"陈茶"的发展脉络，接下来的篇章，我们来详细看一下六大茶类的保质期和最佳品饮期。

绿茶、黄茶、红茶、轻发酵清香型类乌龙茶类最佳品饮期都是从新茶出厂一周到半月后（这期间新茶会褪一下火燥气，品质逐步沉淀和稳定）开始，有焙火工艺的茶类其最佳品饮期从褪火后开始。

绿茶以鲜爽为特色，国家标准中其保质期为18个月。在存储得当的情况下，虽然第二年也可以正常饮用，但其高扬的香气和鲜爽度会丢失，非专业仓储下略显陈味，所以绿茶的最佳品饮期还是推荐在一年内。

通常来说，红茶的最佳品饮期在三年内，三年以后其花果蜜香会有较多的损失，汤色转暗，有陈味出现（在高温高湿环境下存储的红茶变化会更快）；一些发酵较轻的红茶以及晒红类容易出现"返青"（返青的茶在香气和汤中会出现比较明显的青气、青味）。

在国家标准中，黄茶的保质期是 18 个月。黄茶的发酵度比绿茶稍高，它不像绿茶那样注重清鲜和高扬的香气，而是强调甘醇，在恰当的存储条件下，其最佳品饮期可以保持 18 个月。

近些年，陈年红茶也经常出现在茶友的视野里，在存储得当的情况下，陈年红茶也会有不错的陈香陈韵以及老茶所共有的通透体感，但目前陈年红茶并未形成市场共识，也没有行业或国家标准可供参考。另外也偶见茶友分享陈年黄茶、绿茶，但都比较小众，还未形成品鉴共识，更无行业和国家标准可供参考。

铁观音分为清香型铁观音、炭焙铁观音和陈香型铁观音。清香型铁观音轻发酵、毛茶干燥后无复焙，其最佳品饮期为一年；炭焙铁观音如果焙得好、焙得透，原则上是可以长期存储的，否则存储过程中极易"返青"。炭焙铁观音的最佳品饮期从茶褪火后开始，褪火期的长短因焙火程度、工艺的不同而不同；陈香型铁观音的品质相对稳定，在恰当的存储条件下适合长期存储和品饮。

清香型铁观音因其工艺原因，在存储上可以参照绿茶，较低的温湿度能够延长其品饮期。炭焙铁观音和陈香型铁观音相对稳定，真空泡袋加茶罐的包装，只要防异味、避免太阳直射，自然放置即可。

台湾乌龙茶按照制作工艺也可以分为清香型、炭焙型和陈香型，保质和最佳品饮期可参照铁观音。

武夷岩茶按照焙火程度可以分为轻火、中火、足火。轻焙火的茶，清鲜的香气足，但对制茶的工艺水平要求较高，否则半年后极易出现"返青";中焙火的茶只要杀青和焙火够透,在恰当的环境下可以长期存储;足火的茶相对稳定性更高,可以长期存储。

岩茶的焙火程度越高,需要的褪火期越长,焙火后的茶褪去火燥和火涩后便开始进入最佳品饮期。通常来讲,轻焙火的茶,需要有半个月到一个月的褪火期;中焙火的茶,需要两到三个月的褪火期;足焙火的茶需要半年乃至一年以上的褪火期。对于轻焙火的茶来讲,褪火后的一年内是其最佳品饮期;中火和足火的岩茶,第二到三年都可以维持新茶期的巅峰状态,而后逐渐进入陈茶期和老茶期(根据《陈年岩茶团体标准》陈岩茶陈期是 4~20 年,老岩茶的标准是 21 年以上)。

目前市面上的凤凰单丛茶以轻火和中火为主,轻发酵轻焙火的茶,稳定性较弱,极易出现"返青"现象,此类茶的最佳品饮期为一年内;杀青和焙火透的中火(含以上)茶稳定性相对高,其最佳品饮期自退火后开始,在恰当的存储条件下,可以长期存储和品饮。

另外,《凤凰单丛(枞)年份茶》团体标准自 2022 年 8 月起已经开始实施,标准规定以凤凰单丛(枞)茶为原料,经复焙、精制加工,储存 5 年以上,满足凤凰单丛(枞)茶产品质量要求,具有陈化品质特征的凤凰单丛(枞)茶为凤凰单丛(枞)年份茶。

白茶类、黑茶类(包含普洱茶、六堡茶、安化黑茶、藏茶等)在良好的存储条件下可永久存放。黑茶类在历史上以紧压茶为主(六堡茶为散茶紧铸),如果直接存放散茶(不紧压和紧铸),散

不同工艺的乌龙茶有不同的最佳品饮期

绿茶类的最佳品饮期在一年内

红茶的最佳品饮期通常在 3 年内

茶在存储过程中香气会丢失过快，表皮的过度氧化会很清晰地表现在茶汤里；白茶在历史上以散茶为主，与黑茶类在后期存储中需要适度透气不同，白茶类在后期的存储过程中要注意密封保存。

紧压过后的茶，因紧压过程有水蒸气的参与，其最佳品饮期从紧压茶褪水以后开始（过程需要一个月左右），没有经过褪水的茶，茶汤中香气稍弱，水味略重，耐泡度略低，发酵类的茶（如熟普）汤色会略浑浊。

总体来讲白茶类和黑茶类在后期存放过程中不同阶段会有各自的美好，或青如豆蔻，或明艳动人，或温暖成熟，或沉寂如庙堂佛音……

需要特殊提醒的是，在每年夏季或高温高湿的环境下，这两类茶内部物质较活跃，新茶期（一到五年段）的茶在此阶段风味波动较大——普洱生茶的表现尤其明显：茶汤的表现会"时好时坏"。在广东地区存储 3 年以上，新茶便可趋于稳定，在昆明和北方地区需要 4 到 5 年的时间。

另外，普洱生茶在第二年会进入一段相对的尴尬期——新茶高扬的香气开始收敛，茶汤中的鲜爽开始慢慢退去但花果蜜香和丰富的内质还未充分转化出来（一如我们的青春期：青涩渐退但五官还未长开时的模样）。

用水
用器

水为茶之母，器为茶之父；
一百分的茶遇到七十分的水和器只能表现出七十分的风味；
好的器和水，能够把茶的香、汤、韵淋漓尽致地表现出来。

泡茶用水

"精茗蕴香，借水而发，无水不可与论茶也"（明许次纾《茶疏》），"茶性必发于水。八分之茶，遇十分之水，茶亦十分矣；八分之水，试十分之茶，茶只八分耳"（明张大复《梅花草堂笔谈》）。我们所饮的茶汤实际是茶的水浸出物，水为茶之母，茶借由水而发，在不同的水品中，同样一款茶的茶汤表现会有很大差异（这是很多初饮茶者明明在门店试喝很满意，但把茶买回去，总觉得不对的重要原因之一），所以自唐陆羽起，泡茶用水备受历代茶人重视。

一、历代泡茶用水的讲究

"其水，用山水上，江水中，井水下。（《荈赋》所谓："水则岷方之注，挹彼清流。"）其山水，拣乳泉石池漫流者上；其瀑涌湍漱，勿食之，久食令人有颈疾。又多别流于山谷者，澄浸不泄，自火天至霜郊以前，或潜龙蓄毒于其间，饮者可决之，以流其恶，使新泉涓涓然，酌之。其江水取去人远者，井取汲多者。"唐陆羽在《茶经》中以多年的走访经验告诉我们：泡茶用水从钟乳石、石池里缓缓流出的山泉水最好，远离人的地方取到的江水其

武夷山三坑两涧的山泉水

哈尼族茶农在饮用山泉水

次，再次就是井水多汲者……

"水以清、轻、甘、洁为美。轻甘乃水之自然，独为难得。古人第水，虽曰中泠、惠山为上，然人相去之远近，似不常得。但当取山泉之清洁者。其次，则井水之常汲者为可用。若江河之水，则鱼鳖之腥，泥泞之污，虽轻甘无取"，在《大观茶论》中宋徽宗赞同清洁的山泉水为上，井水之常汲者也可用。关于山泉水，宋徽宗认为中泠、惠山泉虽好，但由于距离缘故，不是人人可得，所以取当地山泉水清洁者便可。与陆羽"江水中"的论断不同，宋徽宗认为江河之水，会混有鱼鳖之腥，泥泞之污，即使再轻甘也不用。

"凡水泉不甘，能损茶味之严，故古人择水最为切要。山水上、江水次、井水下。山水乳泉漫流者为上，瀑涌湍激勿食，食久令人有颈疾。江水取去人远者，井水取汲多者，如蟹黄、混浊、碱苦者皆勿用。"明钱椿年《制茶新谱》中关于泡茶用水的论述基本与陆羽相同。

　　查阅历代与茶相关的文献，水以清洁甘美的山泉水为首；井水之多汲，无浑浊、碱苦者也可——这是自陆羽开始，历代茶人的共识。生活环境的变化，在泡茶用水上，我们已经无法完全照搬或者仿效古人了，现在寻找天然洁净、无污染的山泉水必须去到很深的山里，地下水的污染已经让很多地区的井水存在安全饮用的隐患。

　　有幸做茶，每年有大段时间待在远离城市的山里，云南、广东、武夷山、桐木、杭州……茶季的忙碌过后，时常携茶进山。汲泉水泡茶，新汲的泉水水质新鲜，能够把茶之鲜甜发挥到极致，但不同地区山泉水的矿物质含量不同，在器、人等变量相同的情况下，同一款茶的茶汤有较明显的风味差异。

　　至于江水泡茶，在昔归做茶时的日子，曾行船到江心，汲来澜沧江的水泡茶——不经任何过滤、处理的江水，确实异杂味重，不利于泡茶。

　　关于井水泡茶，笔者未曾做相关对比实验，但有一次在北方取井水泡茶的经历——冲泡出的茶汤灰暗、茶味发闷、茶香不显，同时还有明显的咸味。

二、当地水泡当地茶

　　"烹茶于所产处无不佳，盖水土之宜也"（明田艺蘅《煮茶小品》引陆羽），"有名山则有佳茶，兹又言有名山必有佳泉"（明

山中沼水

许次纾《茶疏》），在这一点上古人诚不我欺也。

在《煮泉小品》中田艺蘅曾经有个有趣的经历：他随身带了武夷和金华的两个茶品，论茶品武夷胜过金华，但在浙江取水冲泡时，武夷茶却黄而燥洌，金华茶反而碧而清香，所以他得出结论，当地的茶用当地的水冲泡最好——若去到其他地方用其他地方的水去冲泡，茶的表现会大打折扣。（"余尝清秋泊钓台下，取囊中武夷、金华二茶试之，固一水也，武夷则黄而燥洌，金华则碧而清香，乃知择水当择茶也。鸿渐以婺州为次，而清臣以白乳为武夷之右，今优劣顿反矣。意者所谓离其处，水功其半者耶？"——明田艺蘅《煮茶小品》）

不仅如此，所有的茶品在茶产地、用当地的水（特别是山泉水）冲泡都非常好喝，普通一些的茶品都会有尚佳表现，如果大家去茶区旅行买茶时，这点需要注意。

对于有时连半日闲都难"偷"出的我们，特意跑去茶区汲水泡茶，有些太不实际。但我们在日常选择泡茶用水时，可以留意水源地信息：有些泡茶用水出自武夷山，有些出自峨眉山、长白山、千岛湖、广西巴马……泡武夷岩茶可以选择武夷山的泡茶用水，泡龙井茶可以尝试千岛湖水源地的泡茶用水……

此处需要提醒的是，同一品牌的矿泉水会有不同的水源地，用其泡出的茶汤会有明显差异，选购时请多留意水源地信息。

三、雪水、雨水、露水泡茶

雪水在陆羽试过的泡茶用水中排名第二十。历代诗歌典籍中经常有取雪烹茶的描写——"陶谷取雪烹团茶""试将梁苑雪，煎动建溪春"，最广为人知的当属《红楼梦》中妙玉烹雪煮茶的篇章。

2022 年末，杭州大雪之时，为体验古人烹雪煮茶之妙，我特意飞到了杭州的狮峰山。沿十八棵御树后的小径扫取老茶蓬茶树上新鲜的雪，回到龙井村的一方小院，将雪化开过滤、炭火煮沸后，冲泡 2022 年的龙井茶——茶味鲜甜甘，茶汤柔软、醇厚，确是惊艳。但雪水烹茶不推荐大家在城市里尝试，城市的雪被污染的可能性较大。

典籍记载中雪水煮茶的另一个版本是把雪水深埋地下、贮存以作泡茶用。我幼时，奶奶常收集冬天的雪，密封后深埋于地下。第二年夏季，奶奶会将其取出、给我们饮用或者擦涂以祛暑热和痱子（奶奶的这种"偏方"在很多医书和典籍中都有记录，比如明朱国祯在《涌幢小品》中说雪水"贮以蘸热毒有效"）——实际的饮用体验是：这种雪水会有特殊的冻味，除非药用，否则会影响茶香茶味。

至于用雨水、露水泡茶，在文献、文艺作品中也有记载，但今日可复制、参考的实际意义已不大，如果大家有兴趣，可自行对比实验。

四、关于泡茶用水的描述

泡茶用水有五个指标（感官指标、化学指标、毒理学指标、微生物指标、放射指标）的具体要求。

感官指标要求水的色度不得超过 15 度，不得有其他异色，浑浊度不得超过 3 度（特殊情况不超过 5 度），不得有异臭、异味、不得含有肉眼可见物；化学指标中规定水的 pH 值范围为 6.5~8.5，总硬度不高于 25 度，碳酸钙含量不超过 450 毫克／升，镁不超过 0.1 毫克／升，此外还对铜、锌、挥发酚类、氯化物、硫酸盐、阴离子合成洗涤剂、溶解性总固体含量做了界定；毒理学指标中对氟化物、氰化物、铅、砷、镉、铬、汞、银、硒、硝酸盐等含量做了具体要求；微生物指标中规定细菌总数在 1 毫升水中不得超过 100 个，大肠菌群在 1 升水中不超过 3 个。

很多人喜欢用矿物质含量高的水来泡茶，但泡茶用水中的矿物质含量会直接影响茶的汤色和滋味。当水中低价铁达到 0.1 毫克／升时，茶汤汤色变暗，滋味变淡；高价氧化铁含量为 0.1 毫克／升时，茶汤品质明显下降且含量越高，茶汤汤色越差；茶汤中铝的含量为 0.2 毫克／升时，茶汤苦味明显；茶汤中钙含量为 2 毫克／升时，茶汤涩味明显，增加到 4 毫克／升时，滋味变苦；茶汤中镁含量为 2 毫克／升时，滋味变淡；茶汤中银含量为 0.3 毫克／升时，有金属味……

我们在日常使用泡茶用水时，没有那么多专业的检测仪器去检

梅落季节，汲山泉水泡茶

测水中的物质含量，但在购买泡茶用水时可以多留心标贴上的钙镁离子含量，通常一升水中钙镁离子含量高于 8 毫克为硬水，低于 8 毫克为软水。过硬的水会影响茶的汤色、增加苦涩度，同时镁含量高茶味也会变淡。

五、自来水泡茶

国内的自来水因为消毒处理，氯和悬浮的杂质较多，不宜直接用于泡茶。

六、水的新鲜度与贮水

水的鲜活度会直接影响茶汤鲜、甘等表现，好的泡茶用水自古便难得，所以古人有很多存贮水的经验和实践。

"甘泉旋汲用之斯良，丙舍在城，夫岂易得。理宜多汲，贮大瓮中，但忌新器，为其火气未退，易于败水，亦易生虫。久用则善，最嫌他用。水性忌木，松杉为甚。木桶贮水，其害滋甚，挈瓶为佳耳。贮水瓮口，厚箬泥固，用时旋开，泉水不易，以梅雨水代之。"许次纾在《茶疏》中总结，用大瓮贮水最能保持水的鲜活。

用陶缸、陶瓮贮水，可以软化水质、保持水的鲜活度，这种贮水方式在旧时的农村经常可以看到。

我们现在买到的饮用水、泡茶水多是从较远的水源地运输而来，再加上销售周期和库存等多方面原因，水的出厂日期有可能较久，在使用时可以放进专门的陶缸里存贮（净化水也可以），这样养出来的水更鲜甘和柔软（市场上有专门的陶缸售卖）。

七、纯净水和矿泉水泡茶的对比

以下我们用单独的篇章给大家做对比实验。

烹雪煮茶

纯净水、天然水和矿泉水泡茶感官差异实验

我们对于世界的认知，都会受限于自己的经历、思维以及思考模式，探索茶的这一路，有幸有很多不同领域、学科背景的同好同行。关于茶的一切，以往的结论和认知经常是模糊的、笼统的、经验的，这么多年我一直试图用科学、直观的方法来向大家诠释茶中的东方智慧，这个过程中经常与赖文奇博士反复探讨——赖文奇博士是归国的矿业工程博士、有 13 年工作经验的非常规油气地质工程师，茶是他的中年觉醒和精神后花园——赖文奇博士强大的工科背景和科学理性的思维体系，用于科学、系统地解析茶中的诸多问题和现象，对我帮助很大，本篇为实验篇章，特邀赖文奇博士完成。

"水以清、轻、甘、洁为美"（宋徽宗《大观茶论》），从陆羽开始，古今论水除了关注水的洁净程度外，尤为重视"轻""甘"，此两项指标与水质的软硬及酸碱度有较大关系，严谨起见，我们严格按照规范测定了各实验用水在 25℃条件下的酸

碱度（pH 值）和总溶解固体（TDS）。

　　目前市售的饮用水分为纯净水、天然水和矿泉水三大类，针对这三类，我们选用茶友中较为广泛使用的 A 纯净水、B 天然水和 C 矿泉水。平时的泡茶实践中，我们发现同一品牌、来自不同水源地的饮用水，用其泡茶的感官体验存在较大差异，所以下表中我们特意注明了实验用水的水源地情况，避免感兴趣的读者在自行对比实验时造成误解。

实验方法和细节

我国茶叶感官审评标准中，精制茶的审评一般称取 3.0 克茶样（乌龙茶 5.0 克），沸水冲泡，茶水比例为 1∶50（乌龙茶为 1∶22）。在泡茶用水对比实验中，我们借鉴茶叶感官审评的规范，稍做适当调整，既能让熟悉审评流程的茶友便于理解，又能充分展现实验结果的差异性。

此对比实验于 2023 年 9 月在北京完成。为了观察实验用水对不同茶类的泡茶影响，我们选择了绿茶（当年的狮峰龙井）、白茶（2014 年寿眉）、红茶（当年的坦洋工夫）、乌龙茶（2022 年武夷水仙）、普洱生茶（2016 年麻黑古树）以及普洱熟茶（2017 年布朗山古树熟茶）。

所有实验用茶，各称取样茶 3 份。其中武夷水仙每份 5.0 克、选用容量 110 毫升倒钟形审评盖碗、配容量 150 毫升审评碗，其余 5 款茶品每份 3.0 克、选用容量 150 毫升圆柱形精茶审评杯、配容量 250 毫升审评碗（6 款茶品及冲泡条件）。

分别用三款水，对同一款实验用茶进行 3 次冲泡：各次冲泡时间分别为 2 分钟、3 分钟和 5 分钟，期间在 1 分钟、2 分钟和 3 分钟时，揭盖嗅其盖香，评茶叶香气；冲泡到时后，将茶汤沥入审评碗中，闻嗅叶底香气，评汤色、汤感、滋味和回味，以期得到全方位的感官指标、给出综合评价结果。

表 1　三款冲泡狮峰龙井（绿茶）感官特征表

因子类型 感官特征	A 纯净水			B 天然水			C 矿泉水		
时间	2分钟	3分钟	5分钟	2分钟	3分钟	5分钟	2分钟	3分钟	5分钟
盖香	花香馥郁、豆香显	花香扬、蜜香馥郁	蜜香和花香清晰	花香、青果香和甜香清晰	蜜香和青果香浓郁	甜香和花香清晰	蜜香和青果香略显低沉	花香和青果香显但较低沉	清香和甜香显
茶香	嫩香和花香为主、略有青果香和甜香	花香、蜜香馥郁、略有青果香	蜜香和花香显	嫩香和甜香清晰	甜香和花香较扬	甜香和花香显	嫩香和甜香显	甜香为主、略有花香	甜香显、略有花香
汤色	淡黄明亮	淡黄明亮	淡黄明亮	杏黄明亮	杏黄明亮	杏黄明亮	浅黄明亮	浅黄明亮	浅黄明亮
汤感	柔顺滑	顺滑	较顺滑	柔滑	顺滑	顺滑略粗	柔滑	柔顺	顺滑略粗
滋味	鲜爽、略有苦感	鲜爽、甘甜	鲜爽、清甜	较鲜爽、几平无苦感、清甜	鲜醇、甘甜、饱满	鲜醇、清甜	鲜醇、隐有苦感、清甜	鲜醇、清甜	鲜醇、较清甜
回味	回甘较好、花香和青果香清晰、回味较久、收敛感较显	回甘较好、蜜香、花香和甜香清晰、回味较久、收敛感较显	回甘较好、花香和甜香清晰、回味较久、收敛感	回甘强烈、蜜香与花香馥郁、回味持久、收敛感	回甘较强烈、蜜香浓郁、回味持久、收敛感	回甘尚可、花香与花香、甜香、回味较久、收敛感较显	回甘尚可、甜香显隐有花香、回味略短、收敛感显	回甘尚可、甜香显且较有花香、回味较久、收敛感较显	回甘较弱、略有甜香、回味较浅、隐有收敛感

a.2 分钟   b.3 分钟   c.5 分钟

三款水冲泡狮峰龙井（绿茶）分时段汤色照片

> **综合评述：** 用三款水分别冲泡狮峰龙井（绿茶），用 A 纯净水冲泡出的茶汤滋味中鲜爽贯穿始终、香气较馥郁、茶汤颜色浅、滋味饱满度较好、回味较持久；用 B 天然水冲泡出的茶汤香气浓郁且层次清晰、茶汤颜色较深、滋味饱满度高但鲜爽度不足、回味持久；用 C 矿泉水冲泡出的茶汤香气略显低沉且层次感较弱、茶汤颜色较深略暗、滋味饱满度尚可、回味较持久。

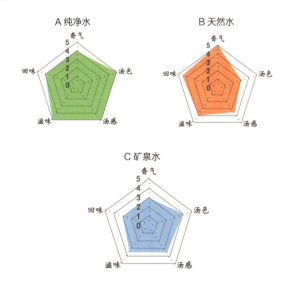

三款水冲泡狮峰龙井（绿茶）感官评分雷达图

表 2　三款水冲泡 2014 年寿眉（白茶）感官特征表

因子类型 / 感官特征	A 纯净水			B 天然水			C 矿泉水		
时间	2 分钟	3 分钟	5 分钟	2 分钟	3 分钟	5 分钟	2 分钟	3 分钟	5 分钟
盖香	蜜香为主、略有药香	药香和蜜香清晰	蜜香和花香显	毫香和蜜香馥郁	毫香和蜜香清晰	甜香和毫香显	毫香和甜香清晰	花香甜香显	甜香显略有花香
茶香	甜香和花香清晰、略有毫香	毫香和甜香清晰	毫香甜香花香	蜜香和花香清晰	药香和甜香清晰	甜香略有花香	甜香显、有花香	毫香和甜香清晰	甜香和花香显、略有毫香
汤色	浅黄明亮	浅黄明亮	杏黄明亮	杏黄明亮略暗	橙黄明亮略暗	橙黄明亮略暗	杏黄明亮	橙黄明亮	橙黄明亮
汤感	柔滑	柔滑细腻	柔滑	柔滑且成团	柔滑且成团	柔滑且成团	柔顺	柔顺	柔顺
滋味	清甜、醇和、隐有酸感	清甜、醇和、隐有酸感	清甜、醇和	甘甜、醇厚	甘甜、醇厚	甘甜、醇厚	甘甜、醇正	甘甜、醇正	清甜、醇正
回味	回甘较好、药香和果香清晰、回甘较久、略有收敛感	回甘较好、蜜香和花香交织且略有甜香、回味较短、略有收敛感	回甘尚可、回甘甜香显、回味较短、有收敛感	回甘强烈、蜜香与花香馥郁且药香清晰、回味持久、有收敛感	回甘较强烈、蜜香馥郁且略有花香、回味持久、略有收敛感	回甘较好、甜香和花香清晰、回味较久、有收敛感	回甘较好、甜香和花香清晰且略有药香、回味较久、略有收敛感	回甘较好、甜香显且有花香、回味较久、有略有收敛感	回甘较好、甜香略有花香、回味隐久、隐有收敛感

a.2 分钟

b.3 分钟

c.5 分钟

三款水冲泡 2014 年寿眉（白茶）分时段汤色照片

综合评述：用三款水分别冲泡 2014 年寿眉（白茶），用 A 纯净水冲泡的茶汤滋味清甜醇和但隐有酸感、香气馥郁且层次丰富、茶汤颜色浅、滋味欠饱满、回味较持久；用 B 天然水冲泡茶汤香气浓郁且层次清晰、茶汤颜色较深、入口柔滑且成团、滋味甘甜醇厚且饱满度高、回味持久；用 C 矿泉水冲泡出的茶汤香气略显沉闷且层次感较弱、茶汤颜色较深略暗、滋味饱满度尚可、回味较持久。

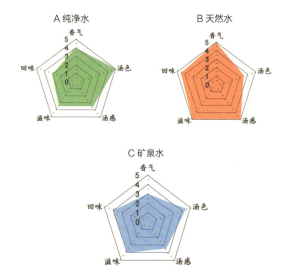

三款水冲泡 2014 年寿眉（白茶）感官评分雷达图

表3　三款水冲泡2016年麻黑古树（普洱生茶）感官特征表

因子类型 感官特征	A 纯净水			B 天然水			C 矿泉水		
时间	2分钟	3分钟	5分钟	2分钟	3分钟	5分钟	2分钟	3分钟	5分钟
盖香	蜜香果香馥郁、略有花香	蜜香和花香清晰	蜜香和花香清晰	蜜香果香馥郁且扬	蜜香和花香清晰且扬	蜜香、花香显	果香浓郁偏低沉、略有花香	蜜香和花香清晰	甜香和花香显
茶香	毫香和果香清晰、略有花香	毫香和蜜香略有、清晰、略有花香	甜香和花香显	毫香、果香和花香交织且扬	蜜香和果香清晰且扬	花香汤、甜香显	毫香和果香清晰、略有花香	甜香和花香清晰但低沉	花香和甜香清晰但低沉
汤色	杏黄明亮	杏黄明亮	杏黄明亮	橙红明亮	橙红明亮	橙红明亮	橙黄明亮	橙黄明亮	橙黄明亮
汤感	柔滑细腻	柔滑细腻	柔滑细腻	柔滑、绵软	柔滑、绵软	柔滑、绵软	柔顺略粗	柔顺略粗	柔顺略粗
滋味	蜜甜略淡、醇和	蜜甜、醇和、隐有酸涩感	清甜、醇和、隐有酸涩感	甘甜、醇厚	甘甜、醇厚	甘甜、醇厚	甘甜、醇正	甘甜、醇正	甘甜、醇正
回味	回甘较好、熟果香和花香清晰、香交织且郁、回味较久、隐有收敛感	回甘较好、蜜果香和花香交织且浓郁、回味较久、隐有收敛感	回甘尚可、回甘花香显、花香味较久、有收敛感	回甘强烈、熟果香、蜜香与花香浓郁、回味持久、隐有收敛感	回甘强烈、蜜香和熟果香浓郁且香、回味持有花香、回味持久、有收敛感	回甘较好、甜香和花香清晰、回味较久、有收敛感	回甘好、熟果香、蜜香与花香浓郁、回味持久、略有收敛感	回甘好、蜜香和花香清晰略有熟果香、回味持久、收敛感较显	回甘较好、甜香略有花香、回味较久、收敛感较显

a.2 分钟   b.3 分钟   c.5 分钟

三款水冲泡 2016 年麻黑古树（普洱生茶）分时段汤色照片

综合评述： 用三款水分别冲泡 2016 年麻黑古树（普洱生茶），用 A 纯净水冲泡出的茶汤滋味蜜甜醇和但隐有酸感、香气馥郁且层次丰富、茶汤颜色浅、滋味欠饱满、回味较持久；用 B 天然水冲泡的茶汤香气浓郁且层次清晰、茶汤颜色较深、入口柔滑且绵软、滋味甘甜醇厚且饱满度高、回味持久；用 C 矿泉水冲泡出的茶汤香气略显低沉且层次感较弱、茶汤颜色较深、滋味饱满度尚可、回味较持久。

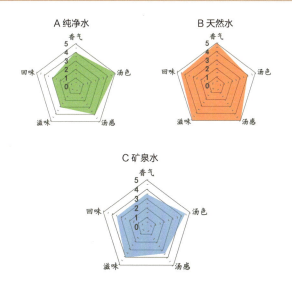

三类水冲泡 2016 年麻黑古树（普洱生茶）感官评分雷达图

表 4　三款水冲泡武夷水仙（乌龙茶）感官特征表

因子类型 / 感官特征	A 纯净水			B 天然水			C 矿泉水		
时间	2分钟	3分钟	5分钟	2分钟	3分钟	5分钟	2分钟	3分钟	5分钟
盖香	熟果香花香馥郁、略有焙火香	熟果香花香清晰、略有焙火香	熟果香花香清晰	熟果香花香馥郁且扬、隐有焙火香	熟果香花香清晰且扬、隐有焙火香	熟果香花香扬	熟果香花香馥郁、略焙火香	熟果香花香显、隐有焙火香	熟果香和花香显
茶香	熟果香花香清晰、略有焙火香	熟果香花香清晰、隐有焙火香	熟果香花香清晰	熟果香花香清晰、略焙火香	熟果香花香清晰且扬、隐有焙火香	花香扬、熟果香显	花香清晰、熟果香显、略有焙火香	熟果香花香显、隐有焙火香	熟果香显花香但果香偏低沉
汤色	橙红明亮	橙红明亮	橙红明亮	橙红明亮	橙红明亮	橙红明亮	橙红明亮略暗	橙红明亮略暗	橙红明亮略暗
汤感	柔滑	柔滑细腻	柔滑细腻	柔滑、绵软	柔滑	柔滑	柔顺	柔顺	柔顺
滋味	蜜甜、醇正、略有酸感	蜜甜、醇正	蜜甜、醇正	甘甜、醇正、隐有酸感	甘甜、醇厚	甘甜、醇厚	甘甜、醇正、隐有酸感	甘甜、醇正	甘甜、醇正
回味	回甘好、熟果香和花香清晰、回味较久、隐有收敛感	回甘尚可、果香显略有花香、回味清晰、较久、隐有收敛感	回甘尚可、果香显略有花香、回味果香、较久、隐有收敛感	甘甜、醇正、隐有酸感、回甘强烈、熟果香与花香浓郁、回味持久、隐有收敛感	回甘强烈、熟果香与花香浓郁、回味持久、略有收敛感	回甘好、熟果香与花香清晰、回味较久、收敛感	回甘强烈、熟果香与花香显、香浓郁、回味持久、有收敛感	回甘强烈、熟果香与花香显、香浓郁、回味持久、敛感较显	回甘好、熟果香和花香显、回味较久、收敛感较显

a.2 分钟   b.3 分钟   c.5 分钟

三款水冲泡武夷水仙（乌龙茶）分时段汤色照片

综合评述： 用三款水分别冲泡武夷水仙（乌龙茶），用 A 纯净水冲泡出的茶汤滋味蜜甜醇正、香气馥郁且层次丰富、茶汤颜色较浅、滋味欠饱满、回味较持久；用 B 天然水冲泡出的茶汤香气浓郁且悠扬、层次清晰，茶汤颜色较深、滋味甘甜醇厚且饱满度高、回味持久；用 C 矿泉水冲泡出的茶汤香气略显低沉且层次感较弱、茶汤颜色较深略暗、滋味甘甜醇正、饱满度尚可、回味较持久。

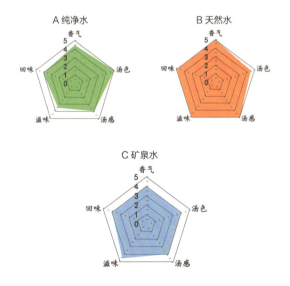

三款水冲泡武夷水仙（青茶）感官评分雷达图

表 5　三款水冲泡坦洋工夫（红茶）感官特征表

因子类型 \ 感官特征	A 纯净水 2分钟	A 纯净水 3分钟	A 纯净水 5分钟	B 天然水 2分钟	B 天然水 3分钟	B 天然水 5分钟	C 矿泉水 2分钟	C 矿泉水 3分钟	C 矿泉水 5分钟
盖香	蜜香和花香馥郁	花香和蜜香清晰	蜜香清晰且略有花香	蜜香和花香较扬	蜜香和花香清晰且较扬	蜜香和花香清晰	蜜香和花香清晰略沉	蜜香和花香显且较低沉	蜜香较显且略有花香
茶香	嫩香为主、略有焦糖蜜香	嫩香为主、略有蜜香	略有嫩香和花香	蜜香和花香较扬	蜜香和花香较扬	蜜香和花香清晰	蜜香和花香尚可	蜜香为主、略有花香	蜜香较显、花香弱
汤色	橙黄明亮	橙黄明亮	杏黄明亮	橙红明亮	橙红明亮	橙红明亮	橙黄明亮	橙黄明亮	橙黄明亮
汤感	柔滑具张力	柔滑具张力	柔滑	顺滑	顺滑	顺滑	顺滑	顺滑	顺滑
滋味	尚醇、微酸、焦糖甜尚可	尚醇、隐有酸感、焦糖甜尚可	尚醇、隐有酸感、略有甜感	鲜醇、焦糖甜饱满	鲜醇、焦糖甜清晰	鲜醇、焦糖甜尚可	尚醇、焦糖甜尚可	尚醇、焦糖甜较显	尚醇、略有焦糖甜
回味	略甜、略有焦糖香和花香、回味较短、略有收敛感	略甜、略有焦糖香和花香、回味较短、略有收敛感	清甜、隐有焦糖香、回味较短、敛感	回甘好、蜜香与花香交织、回味持久、略有收敛感	回甘较好、蜜香与花香交织、回味持久、略有收敛感	回甘较好、焦糖香显并略有花香、回味持久、隐有收敛感	回甘尚可、焦糖香显但花香弱、回味较短、收敛较显	回甘尚可、焦糖香显且略有花香、回味较短、收敛感较显	回甘较弱、略有焦糖香但花香弱、回味较浅、微有收敛感

| a.2 分钟 | b.3 分钟 | c.5 分钟 |

三款水冲泡坦洋工夫（红茶）分时段汤色照片

综合评述： 用三款水分别冲泡坦洋工夫（红茶），用 A 纯净水冲泡出的茶汤滋味中酸感贯穿始终、香气较馥郁、茶汤颜色浅、滋味饱满度较低、回味较短；用 B 天然水冲泡出的茶汤香气较扬且清晰、茶汤颜色较深、滋味鲜爽度和饱满度高、回味持久；用 C 矿泉水冲泡出的茶汤香气较为清晰但略显低沉、茶汤颜色略深、滋味饱满度尚可、回味较短且涩感较显。

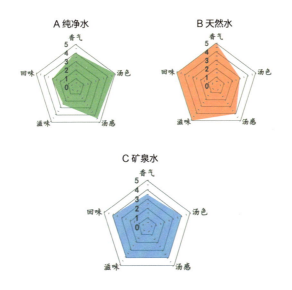

三款水冲泡坦洋工夫（红茶）感官评分雷达图

表6　三款水冲泡布朗山古树熟茶（黑茶）感官特征表

因子类型 \ 感官特征	A纯净水			B天然水			C矿泉水		
	2分钟	3分钟	5分钟	2分钟	3分钟	5分钟	2分钟	3分钟	5分钟
盖香	熟香甜香清晰	熟香显略带甜香	略有熟香带甜香	熟香甜香和馥郁	熟香甜香清晰	熟香甜香清晰	熟香甜香清晰略略低沉	熟香略带甜香	熟香略带甜香
茶香	熟香甜香清晰	熟香甜香清晰	熟香和木质香、略有甜香	熟香蜜香馥郁	熟香蜜香交织馥郁	熟香蜜香清晰	甜香为主熟香显	熟香清晰略带甜香	熟香清晰略带甜香
汤色	橙红明亮	红浓明亮	橙红明亮	红浓明亮	红浓明亮较深	红浓明亮	橙红明亮	红浓明亮	红浓明亮
汤感	柔滑具张力	柔滑具张力	柔滑	顺滑具胶质感	顺滑具胶质感	顺滑具胶质感	顺滑	顺滑具胶质感	顺滑具胶质感
滋味	蜜甜、醇和、隐有酸感	蜜甜、醇和、隐有酸感	蜜甜、醇和、隐有酸感	甘甜、醇厚	甘甜、醇厚	甘甜、醇厚	甘甜、醇正	甘甜、醇正	甘甜、醇正
回味	清甜、略有熟香、回味较短	清甜、略有熟香、回味较持久、有收敛感	清甜、熟香、回味较持久	回甘强烈、熟香和甜香清晰、回味持久	回甘强烈、熟香和甜香清晰、回味持久	回甘较强烈、熟香和甜香清晰、回味持久	回甘尚可、熟香清晰、回味略短、收敛感较显	回甘尚可、熟香清晰略带甜香、回甜甜香、回味较持久、略有收敛感	回甘尚可、熟香清晰略带甜香、回甜甜香、回味较持久、略有收敛感

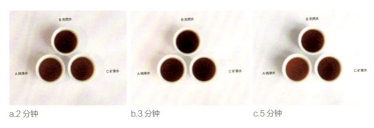

a.2 分钟   b.3 分钟   c.5 分钟

三款水冲泡布朗山古树熟茶（普洱熟茶）分时段汤色照片

综合评述： 用三款水分别冲泡 2017 年布朗山古树熟茶（普洱熟茶），用 A 纯净水冲泡的茶汤滋味中隐有酸感且贯穿始终、逐次程度递减，香气清晰，茶汤颜色浅，滋味蜜甜醇和，回味较持久；用 B 天然水冲泡的茶汤香气馥郁且清晰，茶汤颜色深，滋味甘甜醇厚且饱满度高，回味持久；用 C 矿泉水冲泡的茶汤香气较为清晰但略显低沉，茶汤颜色略深，滋味甘甜尚醇厚，回味较持久但涩感较显。

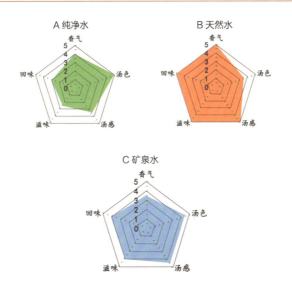

三款水冲泡布朗山古树熟茶（普洱熟茶）感官评分雷达图

总结：

以上实验结果会因实验所在地的气候、温度、湿度、海拔等影响，有些许出入和偏差。我们做此实验的目的是想直观地告诉大家，排除时间、地点、气候等因素，不同泡茶用水对于同一款茶的感官呈现影响巨大，并无优劣、好坏的论断。此实验可以启发大家多维度思考影响茶最终感官呈味的因素，同时可以动手对比实验、选择适合自己的泡茶用水。

主泡器：盖碗

　　盖碗是现今主泡器的当家花旦，但其做主泡器的历史并不长。盖碗出现在茶器中最早是品茗用具，它的大量应用是在清代——在碗里投入少许绿茶或者茉莉花茶，沸水一冲便香气四溢，盖上碗盖，端于堂前，或会客或读书或看戏或慰一身风尘……

　　旧制的盖碗容量很大，茶水供几次慢酌非一次饮用——若是在茶馆里，盖碗里的茶饮至尾段还可以叫跑堂的小二再添上一回水，盖碗盖的主要作用是保温，防止茶汤短时间内冷掉。由于盖碗茶的茶水不分离，盖碗盖在盖碗茶的饮用中演化出了另外的功能——饮用时，把盖往后轻挪，与碗身之间形成小小的开口，用盖挡住与茶汤一起倾过来的茶叶，这样便可以避免吃到茶叶的尴尬。

　　饮盖碗茶，旧时的女人最为优雅——她们左手端起底托，右手弱柳扶风般不经意地翘起兰花指，将盖往后轻轻一推，掩面抿上一小口，腰身一转，缓缓地将盖碗放下——底托在旧制盖碗茶饮用中最重要的作用是承托碗身，避免直接端起碗身时烫手。

　　认知盖碗的演变和功用，对于我们选择盖碗有重要的指导意义。在茶器的市场，有很多仿旧制的盖碗，有一些号称一比一复刻

撇口大的盖碗更容易抓握

博物馆的盖碗，诚然，有一些出品确实古朴美观，但从形制上，这样的盖碗并不适用于我们如今的泡茶，除了大小，需要说的是盖碗的撇口问题。

在饮盖碗茶的使用场景中，盖碗是用来喝茶的，所以它的撇口曲度不能很大。在馆藏的文物中，我们可以看到，其撇口的处理跟我们饮食用的碗和品茗杯近似，更符合直接沾唇的需求。但现在盖碗的主要功能是泡茶，所以要求撇口的处理更有曲度，且延伸的外沿要多一些，这样才更有利于抓握和出汤。

在选购盖碗时，除了传统的"三才盖碗"（盖加碗身加底托），现在还有很多没有底托的盖碗可供选择。经常被大家咨询

三才盖碗

束型盖碗

杯肚圆融的盖碗

阔口盖碗

柴烧盖碗

"——在选择盖碗的时候有底托好还是没有底托好"，这个问题除了看个人喜好之外，需要考量的是使用场景和使用习惯。雅致的茶席和文人泡法中，如果已经有干泡台或者壶承，从美观的角度可以选择无底托的盖碗；如果茶席上没有干泡台或壶承，从实用的角度可以选择有底托的盖碗——底托可以承接一小部分不小心滴撒出来的水或者茶汤。

常见的盖碗材质有景德镇白瓷、德化白瓷、宜兴紫砂、建水紫陶等。为了更好的侍茶，我从业这么多年，不断购买各产地、窑口、作者的盖碗进行反复的对比实验，从实用的角度，景德镇的白瓷盖碗最为中正——紫砂和陶类的盖碗在泡茶的过程中会吸附和影响茶的香气和滋味（这类盖碗在使用中最好一个盖碗对应一款或一类茶）；其他材质的盖碗因为泥料、釉料和烧制方式不同会放大或者弱化某些茶的优缺点（比如有些盖碗可以弱化普通茶的涩度让茶更有清甜感，但它无法表达出优质茶内质的丰富和饱满）。所以在专业的茶叶审评中，审评盖碗选择的通常都是景德镇的白瓷盖碗。

白瓷盖碗是适应性最高的主泡器，适合冲泡六大茶类的所有茶品，为了更好的表达茶汤，在选择盖碗的形制时有一些经验可供大家参考。

岩茶、铁观音、凤凰单丛、台湾乌龙等以香为特色的乌龙茶类，更适宜用束口、100~120毫升之间的小盖碗——这种盖碗更有利于发挥乌龙茶的香气，同时需要注意盖碗壁不能太薄，否则失温太快，不利于乌龙茶香气和内含物质的充分浸出。

柴烧盖碗

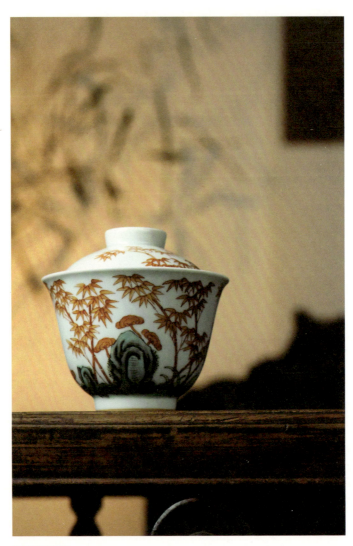

矾红竹纹盖碗

冲泡普洱生茶推荐选择盖碗壁稍厚、碗肚更圆融一些的盖碗，这样有利于叶片在盖碗内的充分舒展，更好地表现茶汤的厚度和圆融。如果用同等容量的束口薄盖碗来冲泡，茶汤则会偏浓，汤感偏薄。

冲泡普洱熟茶、安化黑茶、现代工艺六堡茶和有年份的各类老茶（普洱生茶、普洱熟茶、白茶、六堡茶、铁观音等）时，碗壁厚一些的盖碗更有利于内含物质的充分浸出。

冲泡高等级（采摘嫩度高、比如单芽）的绿茶和红茶时，如果需要最大程度体现它的嫩、鲜和甜，可以选择壁薄、口阔的盖碗……

盖碗的形制主要影响冲泡过程中水温的变化以及内含物质的运动与集聚方式：壁厚的盖碗保温好（内含物质浸出更充分，茶汤滋味更浓、茶汤稠厚度更高）；高而束口的盖碗保温又聚香；矮阔、壁薄的盖碗散热快（冲泡出的茶更鲜甜）；圆融的盖碗，茶汤中小分子在盖碗中的运动会更有序，茶汤的圆融感会更强。

很多资深的茶客和玩家会收藏老的盖碗（清、民国到 20 世纪 90 年代前）泡茶用，因为好奇，前些年我有幸收过一些清末、民国初年以及上个世纪七八十年代的盖碗。时常用它们与现在的盖碗做冲泡六大茶类的对比实验：老的盖碗极其适合冲泡老茶（所有品类的老茶都适合），它可以把老茶的汤韵完美地展现出来，但冲泡新茶（特别是乌龙茶）时无法泡出其高锐的香气。

盖碗根据烧成方式不同分为电烧、气烧和柴烧。柴烧与其他几种烧制方法的区别不仅仅是热源，还关乎烧成氛围、热曲线、烧成时长等（打一个不恰当的比喻就像我们分别用电饭锅、煤气灶以及柴火煮饭）……与其他烧制方式相比，柴烧的景德镇白瓷盖碗有其特有的温润美感，用其泡出的茶汤也会更温润和舒适——在对茶汤汤感和滋味的呈现上尤其明显：茶汤更厚、更圆融，也能平缓茶的涩度以及新茶的火燥气。

这里需要强调的是以上结论仅针对景德镇的白瓷柴烧盖碗，笔者购买和对比过国内外不同窑口、不同材质以及烧造方式的柴烧盖碗，有一些确实可以更好地呈现部分茶类的香汤味韵，但有些会增加茶汤的苦涩，有一些会让茶汤汤感变粗，有一些会"吃"掉茶汤的回味，有些会让所有的茶只剩淡淡的甜……所以单纯从有利于表现茶汤的角度，在选择盖碗时，不要过分迷信柴烧，一个盖碗好不好用是泥料、釉料，形制、烧制方法等因素综合决定的，柴烧这种烧制方式是其中一个因素而已。

青花、斗彩、珐琅彩、扒花、颜色釉……人物、故事、花鸟、书法……这些都是盖碗的装饰，它们属于盖碗实用之外的"无用之用"，茶可雅心，茶汤入身再入心，它们透过眼睛先一步地入了我们的心。

它们是茶的境，更是每个茶人自己——天青、月白、郎红皆映照的是内心之色；淡淡雅雅或热热闹闹，是当下最本真的自我……

主泡器：紫砂壶

　　壶这个器具变成主流的主泡器，始自明中期，它是在朱元璋"废团兴散"散茶大规模流行的智慧产物。"烹茶之法，唯苏吴得之。以佳茗入磁瓶火煎，酌量火候，以数沸蟹眼为节，如淡金黄色，香味清馥，过此而色赤，不佳矣"（明陈师《茶考》），明人在泡茶的过程中，发现煮水器也可以做为主泡器用，壶作为主泡器就逐步演变而来了。在这一点上我们应该跟明人有很多的共鸣，在不方便泡茶或者想偷个懒的冬天，你是否也会直接用煮水壶煮一壶茶来饮？

　　壶作为主泡器，主流是陶瓷，其次是锡，金银亦有，但仅为少数。其中最为璀璨、最为人所追崇的便是紫砂，明代如此，清代如此，今日亦如此。

　　张岱在《陶庵梦忆》中说："（闵）汶水喜，自起当炉，茶旋煮，速如风雨。导至一室，明窗净几，荆溪壶、成宣窑瓷瓯十余种，皆精绝"（荆溪是宜兴的别称）；明程用宾《茶录》在"茶具十二执事名说"中记载："壶。宜瓷为之，茶交于此。今义兴（宜兴）时氏（时大彬，明代紫砂名家）多雅制"；明黄德龙在《茶说》七之具中记述："若今时姑苏之锡注，时大彬之砂壶……高人词客，贤士大夫，莫不为之珍重"；明文震亨《长物志》在"茶壶"一篇说："壶以砂者为上，盖既不夺香，又无熟汤气"……

紫砂壶的创始与发展

文化是时代的缩影，唐代茶兴始有陆羽《茶经》；宋代茶盛，诞生了《大观茶论》《茶录》等；明代紫砂壶空前兴盛，诞生了我国现存第一部单一茶具专著、我国历史上现存第一部有关宜兴紫砂壶的专著——《阳羡茗壶系》（周高起）。在《阳羡茗壶系》中周高起系统记录了紫砂壶的创始、设计、制作、款识、名家、使用等，书中记录了当时紫砂壶被人追崇的盛况"至名手所作，一壶重不数两，价重每一二十金，能使土与黄金争价"。

紫砂壶的创始人是已经佚失姓名的金沙寺僧，其真正意义上的开始来自龚春（很多地方"龚"写作"供"）。"有名工龚春者，宜兴人也。以榷沙制器，专供茗事"（明项元汴《历代名瓷图谱》）。《阳羡茗壶系》的"正始"文中记录了龚春作壶："淘细土抟胚，茶匙穴中，指掠内外，指螺文隐起可按。胎必累按，故腹半尚现节腠，视以辨真"，龚春的壶在当时备受时人追捧和喜欢："瓦瓶如龚春时大彬，价至二三千钱，龚春尤称难得，黄质而腻，光华若玉"（《袁中郎随笔》），时大彬是明代与龚春齐名的另一位重要的做壶大家。

紫泥壶示例

朱泥壶示例

《阳羡茗壶系》"大家"中记录，时大彬"初自仿供春得手，喜作大壶。后游娄东，闻眉公与琅琊、太原诸公品茶施茶之论，乃作小壶。几案有一具，生人闲远之思，前后诸名家并不能及"，时大彬初仿龚春作大壶，后来受当时文人雅士影响开始做小壶，开创了自己的时代。"镌壶款识，即时大彬初倩能书者落墨，用竹刀画之，或以印记。后竟运刀成字，书法闲雅，在《黄庭》《乐毅》帖间，人不能仿，赏鉴家用以为别"，与龚春不同，时大彬本身的文化和艺术造诣颇深，其独特的艺术审美不仅用于自己的壶作上，还深深地影响了当时的制壶人，《阳羡茗壶系》记载的"名家"和"雅流"中数位均为时大彬的弟子。在宜兴等博物馆，有幸见过时大彬的紫砂壶，其造型古朴中有张力，挺秀而有力量。

文人雅士的参与，增加了紫砂壶的艺术性、传播力和影响力，是紫砂壶延续百年的生命密码。清代最为著名的紫砂壶设计名家是陈鸿寿（号曼生，也被称为陈曼生）。

"宜兴砂壶，以时大彬制者为佳……近则以陈曼生司马所制为重矣，咸呼之曰'曼壶'"（清桐西漫士《听雨闲谈》）；"宜兴壶，始于供春，光大于时大彬，益昌于陈曼生"，"陈曼生司马（鸿寿）在嘉庆年间，官荆溪宰。适有良工杨彭年，善制砂壶，创为捏嘴，不用模子，虽随意制成，亦有天然之致，一门眷属，并工此技。曼生为之题其居曰阿曼陀室，并画十八壶式与之。其壶铭，皆幕中友如江听香、高爽泉、郭频伽（又作郭频迦。笔者注）、查梅史所作，亦有曼生自为之者。铭字须乘泥半干时，用竹刀刻就，

然后上火。双款则倩幕中精于奏刀者，加意镌成。若寻常赠人之壶，每器只二百四十文，加工者值须三倍"（黄濬《花随人圣盦摭忆》）。陈曼生设计壶式，杨彭年负责制作，幕中一众文人好友铭刻。壶型更多样、更有艺术美感，更多的文人雅士参与了紫砂壶的诗文的镌刻中，这一切让当时的紫砂壶更具赏玩、艺术及收藏价值。

清代工夫茶流行的闽南、广东和台湾地区更偏爱孟臣小壶。"漳泉各属，俗尚功夫茶。茶具精巧，壶有小如胡桃者，名孟公壶"（施鸿保《闽杂记》），"潮郡尤嗜茶……以孟臣制宜兴壶，大若胡桃，满贮茶叶，用坚炭煎汤，乍沸泡如蟹眼时，瀹于壶内"（清张心泰《粤游小识》），"台人品茶……茗必武夷，壶必孟臣，杯必若深，三者为品茶之要，非此不足自豪，且不足待客。……孟臣姓惠氏，江苏宜兴人。《阳羡名陶录》虽载其名，而在作者三十人之外，然台尚孟臣，至今一具尚值十金"。（清连横《雅堂先生文集》）

紫砂壶的容量演变及选择

紫砂壶的大小，经历了由大到小的逐步发展过程，如果大家参观宜兴紫砂博物馆，这个变化非常直观。自明《阳羡茗壶系》起就主张小壶："壶供真茶，正在新泉活火，旋瀹旋啜，以尽色、声、香、味之蕴。故壶宜小不宜大，宜浅不宜深，壶盖宜盎不宜砥。汤

扁形紫砂壶示例

收聚的壶型示例

力茗香，俾得团结氤氲。"明冯可宾在《岕茶笺》也有同样的论述"茶壶以小为贵。每一客，壶一把，任其自斟自饮，方为得趣。何也？壶小则香不涣散，味不耽阁；况茶中香味，不先不后，只有一时。太早则未足，太迟则已过，得见得恰好，一泻而尽"，壶小更有利于发香、聚增汤力，至工夫茶的孟臣壶，大小约为100毫升。

在紫砂壶的容量选择上，两三人品饮工夫茶选择10毫升大小的壶便可；六人左右可用150~180毫升的壶；人数再多，若聚为一席，精力和关注力易分散，无法细品香茗，建议分作两席，若仍为一席可选容量200毫升以上的紫砂壶。

紫砂壶的颜色、泥料及选择

"泥色有海棠红、朱砂紫、定窑白、冷金黄、淡墨、沉香、水碧、榴皮、葵黄，闪色有梨皮诸名。种种变异，妙出心裁"（《阳羡茗壶系》），"其泥亦分多种，红泥价最昂，紫沙泥次之。嫩泥富有黏力，无论制作何器，必用少许，以收凝合之效。夹泥最劣，仅可制粗器。白泥以制罐钵之属。天青泥亦称绿泥，产量亦少。豆沙泥则常品也"（清徐珂《清稗类钞》），紫砂的原料取自宜兴当地的黄龙山矿脉，以颜色分，常见的以朱泥、紫泥、段泥系列为多。

笔者曾经痴迷各种茶器，名家的、各窑口、各泥料都买来作泡茶的对比研究——就紫砂壶而言，不考虑烧造方式和器型等因素、单纯从泥料上讲，冲泡乌龙茶、三到十年期的生普等表现茶汤香气的茶更适宜选朱泥壶；冲泡熟普、现代工艺六堡茶、各类二十年以上陈期的老茶，更适合用紫泥壶，紫泥壶可以有效的降低后发酵茶类茶汤中的渥堆味，也可以平衡各类老茶中的老陈味；冲泡新的生普、白茶，绿茶、黄茶类可以用段泥壶——段泥壶可以更好的表达出茶的鲜爽。

紫砂壶的器型与选择

紫砂壶从明代起器型就多种多样"变化式土，仿古尊罍诸器，配合土色所宜，毕智穷工，粗移人心目。予尝博考厥制，有汉方、扁觯、小云雷、提梁卣、蕉叶、莲方、菱花、鹅蛋、分裆索耳、美人、垂莲、大顶莲、一回角、六子诸款"这是《阳羡茗壶系》对名家徐友泉的记录。《阳羡茗壶系》中，对陈仲美在设计上的评论是："壶象花果，缀以草虫，或龙戏海涛，伸爪出目"；对沈君用的评论是："尚象诸物，制为器用，不尚正方圆，而笋缝不苟丝为。配土之妙，色象天错，金石同坚。"

从器型角度，按照现代的分类方式，紫砂壶可以分为仿生类的"花货"和强调简洁造型美的"光货"。仿生类的"花货"如梅桩壶、南瓜壶、树瘿壶等，以紫砂壶为媒介惟妙惟肖地把自然中的片段呈现出来，曾有幸见过当代"花货"大师蒋蓉先生的作品，精巧而有童趣，让人会心一笑，甚有玩味。当代"光货"的泰斗是顾景

圆融的壶型示例

仿生花货示例——梅桩

舟先生，顾景舟先生的壶带着江南的文人气韵，造型简洁流畅，秀而有骨，颇有宋韵。

从器型的艺术审美角度，各类紫砂壶型各有千秋、各花入各眼。从实用的角度，冲泡所有老茶类可以用圆腹类器型：如掇球、掇只、西施、水平、巨轮珠等，且壶壁稍厚、口更小一些的器型更有利于老茶内含物质的充分浸出；冲泡绿茶、新白茶、铁观音、新生普可以选择略扁的壶型：如石瓢、虚扁，壶壁不需要太厚，阔口一些的德钟、汉瓦壶也是很好的选择；冲泡岩茶、单丛等乌龙茶的壶型则不宜过扁过阔，壶型收聚一些更有利于激发茶的香气。

关于老壶

清徐珂《清稗类钞》记录了关于紫砂壶的一个有趣的事儿："潮州某富翁好茶尤甚，一日，有丐至，倚门立，睨翁而言曰：'闻君家茶甚精，能见赐一杯否？'富翁哂曰：'汝乞儿，亦解此乎？'丐曰：'我曩亦富人，以茶破家。今妻孥犹在，赖行乞自活。'富人因斟茶与之。丐饮竟，曰：'茶固佳矣，惜未极醇厚，盖壶太新故也。吾有一壶，昔所常用，今每出必携，虽冻馁，未尝舍。'索观之，泡精绝，色黝然，启盖，则香气清冽，不觉爱慕。假以煎茶，味果清醇，异于常，因欲购之。丐曰：'吾不能全售。此壶实值三千金，今当售半与君。君与吾一千五百金，取以布置家事，即可时至君斋，与君啜茗清谈，共享此壶，如何？'富翁欣然

诺。丐取金归，自后果日至其家，烹茶对坐，若故交焉。"这个
故事中因嗜茶破家的乞丐一口便喝出了茶未表达出它该有的醇厚
是因为壶太新，这点古人诚不我欺也，关于表达茶汤的醇厚度，
老壶比新壶要胜得多。在冲泡重点关注醇厚度的茶类，特别是所
有的老茶（普洱茶、六堡茶、白茶等）时，推荐选择一个年份长
的老壶——不必一定是古董壶，我有几把 20 世纪 80~90 年代的
壶，如今用来已表现不俗。如果没有机缘买到老壶，十年左右的壶
褪过火气亦可。

紫砂壶日常使用细节

在紫砂壶的日常使用中，需要注意先温壶："探汤纯熟便取
起，先注少许壶中，祛荡冷气，倾出，然后投茶"（明张源《茶
录》），明代程用宾在其著述中提及紫砂壶的使用时也提到"伺汤
纯熟，注杯许于壶中，命曰浴壶，以祛寒冷宿气也。"温壶的作
用，除了清洁之外主要是"祛荡冷气"，这样能更好地激发茶香和
茶性。饮茶完毕时，紫砂壶中的茶应注意及时清理，防止茶叶在紫
砂壶中滞留太久以致发霉污染紫砂壶。正确的方式是"饮讫，以清
水微荡，覆净再拭藏之，令常洁冽，不染风尘。"（明程用宾《茶
录》）——清理完紫砂壶中的茶后用洁净的清水荡涤，可以把紫砂
壶倒扣过来使壶内外更快干燥，壶干燥后用洁净的布擦拭后收起。

品茗杯的历史
演化及选择

开门七件事"柴米油盐酱醋茶"，茶在最末端，它不是生活必需品，所以与其相关的器具是随着经济生活的提高以及文化的发展，才逐步完善并分化出来，最早的茶器与食器、酒器并不分家。

了解饮茶、品茗器具的过去和今天，我们首先需要厘清茶之为用的历史演变。茶之为用，首先经历了药用、食用到饮用的过渡。

从"神农尝百草日遇七十二毒，得荼而解"（荼为茶的旧称之一，下同）到汉代名医张仲景在《伤寒杂病论》中记述"茶治脓血甚效"，茶最初是以一味药的身份出现在我们的世界里。

"树小如栀子，冬生叶，可煮粥饮"（《尔雅》），"吴人采茶煮之，曰茗粥"（《晋书》），这时茶之为用处于食用的阶段，具体表现形式为茗粥。茗粥的食茶之法至今仍在延续——广西、湖南以及广东的客家擂茶，将花生、芝麻、豆子、米、桔子皮、盐、生姜、茶等在擂钵里研磨，再以沸水冲煮，便得一碗美味又养生的茗粥。

在药用和食用阶段，饮茶器具大部分还是与食器和酒器混用。

唐宋的品茗用器比较大，日式抹茶道的茶碗保留了相似的制式

西汉时在王褒的《僮约》里有"烹茶尽具"的描述，专用茶器具开始逐步出现。

从食用阶段走出来，茶之为饮从唐代之前"用葱、姜、橘子芼之"（《广雅》），"或用葱、姜、枣、橘皮、茱萸、薄荷之等，煮之百沸"（陆羽《茶经》）的调饮法演化为唐陆羽之后逐渐不加任何调味的清饮。

根据《茶经》里的记述，到陆羽时饮茶、品茗已经有了成套的专门器具，包含釜、交床、风炉、水方、滓方等 24 种。当时品茗用的是茶碗——"碗，越州上，鼎州次，婺州次，岳州次，寿州、洪州次"，从目前出土以及馆藏的唐代茶碗来看，那时的茶碗的口径都比较大：法门寺地宫出土的唐宫廷茶具中琉璃碗口径 12.7 厘米；唐长沙窑碗心有"茶碗"字样的茶碗口径 15.4 厘米……按照陆羽在《茶经》中的描述"凡煮水一升，酌分五碗。（碗数少至三，多至五。若人多至十，加两炉）"，那么一个茶碗的容量大概有 200 毫升。

在茶碗的选择上，陆羽在《茶经》里描述着重强调了各窑口器具颜色对于茶汤颜色的影响："邢瓷白而茶色丹，越瓷青而茶色绿，邢不如越三也"，"越州瓷、岳瓷皆青，青则益茶，茶作白红之色。邢州瓷白，茶色红；寿州瓷黄，茶色紫；洪州瓷褐，茶色黑，悉不宜茶"——这个角度在我们现今选择品茗杯时仍值得借鉴。

宋代是古代茶事十分兴盛的时期，饮茶方式是点茶法（详见

宋式建盏在前几年非常火热

潮汕工夫茶里的若琛小杯

《唐宋饮茶方式——煎茶法、点茶法》篇），品茗器是茶盏。品茗器的选择比唐代更加讲究。

茶盏的颜色："盏色贵青黑，玉毫条达者为上，取其焕发茶采色也"（宋徽宗《大观茶论》）。

茶盏的器形："底必差深而微宽"有利于点茶时"取乳"和"运筅"（宋徽宗《大观茶论》）。

茶盏的厚薄：宋徽宗在《大观茶论》中说强调了盏保温的重要性："盏惟热，则茶发立耐久"，蔡襄则直接在《茶录》中指出、茶盏的选择要"坯微厚，熁之久热难冷，最为要用"。

茶盏的大小：宋徽宗强调"度茶之多少"来选择"用盏之大

杯壁较厚的品茗杯

小"，从日本馆藏的天目盏以及窑址出土的建盏来看，宋盏的口径基本在8厘米以上。

我们现在饮茶的瀹泡法（冲泡法）源自明代朱元璋"废团兴散"（在朱元璋"废团兴散"之前，主流茶品是团饼茶）后的散茶盛行。

唐代的煎茶法以及宋代的点茶法，都是在一次行茶之中对所煎、点之茶充分萃取，区别于二者，散茶的瀹泡可以反复进行（我们现在的泡茶方式便是瀹泡法），所以区别于唐宋的茶碗、茶盏，明代起品茗器具发生了重大的变化——品茗器开始以小和纯白为佳（明许次纾《茶疏》"其在今日，纯白为佳，兼贵于小"）；杯代替碗、盏开始成为主要的品茗器形（最早记录"杯"这种古老形制作为茶具的文献是明代冯可宾的《岕茶笺》——明代最有名的品茗杯莫过于明成化斗彩鸡缸杯）。

清代延续了明代开始的散茶制作和饮用之法，品茗器也以品茗杯为主。这一时期包括品茗杯在内的茶器，材质以陶瓷为主，有"景瓷宜陶"之说——景德镇作为御窑厂所在地，在这个时期生产了大量精美的品茗杯，比如清康熙五彩十二花神杯。

清代茶的品类和制作方法比明代更加丰富，乌龙茶的创制，开创了工夫茶这种新的饮茶方式。与孟臣壶、玉书碨、潮汕风炉并称为"工夫茶四宝"的若琛杯开始流行。若琛杯是一种高寸余的白瓷翻口小杯，它比之前的茶杯更小——"杯小如胡桃""每斟无一两"，袁枚在《随园食单》中对武夷山的这种茶杯作了特别的记录。

竖口高杯

纵观整个茶史，品茗器具经历了由大变小、由青瓷碗到黑盏再到白瓷杯的变化过程。我们如今的饮茶方式承袭明、清，与唐、宋大有不同，所以在选择品茗杯时，完全照搬唐宋饮茶器具，多有不妥。

品茗杯是茶汤进入我们口腔的最后一个媒介，其大小、厚薄、器形、材质、烧造方式甚至年份都会影响茶汤的细微呈味。我们一起做个实验吧：请任意拿出两只不同的品茗杯，从同一个公道杯中分别往分别向这两只杯子中注入等量的茶汤，对比一下两杯茶汤的差异和区别。

从业、从教的十多年中，我收集了各产地、材质、工艺、器形、年份的几百只品茗杯，并进行了大量的对比实验。以下将总结

柴烧品茗杯

出的品茗杯选择经验分享给大家。

品茗杯的材质选择：现在品茗杯的材质有瓷、陶、玉、石、金、银、竹、木等，从实用和宜茶的角度，景德镇的白瓷是最适宜、中正和不出错的选择；一些紫砂和陶类的品茗杯可以更好地呈现茶汤的汤感、滋味，但对香气的表达会弱于同器形的白瓷杯。另外，紫砂和陶类有较强的吸附性，不适合多种茶品混合使用。

品茗杯的颜色选择：景德镇的白瓷和玻璃材质更易观赏和观察茶汤颜色（茶汤颜色是茶之美的重要表达，更是我们在鉴别茶叶品质时重要的参考）。

品茗杯的器形选择：束口一些的杯型更聚茶的香气，更有利于品鉴汤香和杯底香。

品茗杯的容量选择：选择品茗杯不宜过大——"若巨器屡巡，满中泻饮，待停少温，或求浓苦"（明许次纾《茶疏》），且"啜半而味寡"（唐陆羽《茶经》）——品茗杯过大茶气易散、茶香不聚、茶汤易冷、不利品茶，可容纳品啜两到三小口的茶汤便为适宜。

品茗杯的厚薄选择：壁略厚的品茗杯更保温、更适用于冬天饮茶，同时它还能更好的表现茶汤的汤感，适用于熟普、老茶等。夏天品饮绿茶、黄茶、新白茶等鲜爽类的茶品，壁薄透一些的品茗杯，更能体现茶的鲜爽感。

品茗杯新老的选择：老的品茗杯（比如明、清、民国乃至20世纪90年代之前的老杯）能够降低茶的火燥气、更好地表现茶的

老盏

汤感，与年份茶绝配；此外，老的品茗杯还适合品饮对更注重茶汤表现的熟普、现代工艺六堡茶等。但表达高锐的汤香和杯底香，特别是在品鉴新的乌龙茶类时，建议选择新的品茗杯。

需要特殊提醒的是：有些柴烧的品茗杯确实可以更好地发挥茶汤的香汤味韵，但并不是所有的柴烧杯都有这个效果——一只新的品茗杯好不好用受泥料、釉料、器形（含厚薄）、烧成方式等各因素影响，柴烧只是烧成方式里的一个变量而已。

在写以上这几段文字时，我特意加了一个大的前提——从宜茶和品茗的角度，即从品饮、品鉴茶汤的角度。品茗杯发展到今天，已经不完全是为了服务茶而存在，它在实用的同时已经悄然变成了一项独立的"雅玩"——它是很多茶友收藏和赏玩的标的，也是很多匠人、艺术家艺术表达的载体。材质多样、造型不拘、装饰不同、烧成方式各异，它已跳脱出品茗的框架成为独立的美，也成为茶之美更直观和具象的表达。

品茗杯和茶器在实用之外，也是艺术家艺术表达的载体

必备常识

茶汤会表现出不同的香气和滋味，
是因为每次冲泡中浸出的呈味物质种类、含量和比例不同；
泡茶是极其注重细节的过程，
但对细节精准的把握需要跳出来更宏观地回看。

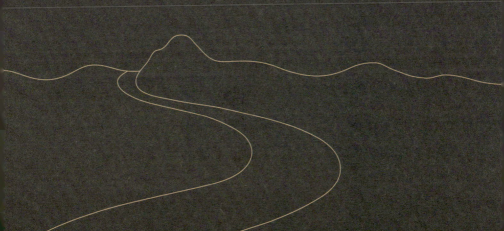

茶叶主要
呈味物质

我们之所以能在不同的茶汤中品饮到不同的香气和滋味，主要是因为不同茶汤中各呈味物质的种类、含量和比例不同。泡茶技艺是通过对注水方式和泡茶变量（水、器、投茶量、水温、冲泡时间等）的灵活控制，影响各呈味物质在茶汤中的浸出量和比例的"手艺"，掌握这个技艺的法门是熟稔茶中内含物质的特性及其呈味。

一、茶多酚

茶多酚——茶中多酚类物质的总称，又称茶单宁、茶鞣质，是茶叶中占比最大的内含物质和营养物质，受茶叶品种、采摘季节等因素影响，其比例占总内含物质的 20%~40% 左右。茶多酚的主体物质黄烷醇类（又称儿茶素，占茶多酚量的 80% 左右），是茶叶保健功能的首要成分，其含量及其组成对成品茶色、香、味的形成有重要作用，一般来说，儿茶素含量高，茶汤滋味强。

儿茶素分为简单儿茶素（表儿茶素 EC 和表没食子儿茶素

云南昔归产区的茶树品种（邦东黑大叶）是典型的大叶种，图中是两叶开面采时的叶片大小

EGC 类）和酯型儿茶素（表儿茶素没食子酸酯 ECG 和表没食子儿茶素没食子酸酯 EGCG 类），其中简单儿茶素收敛性弱而不苦涩，酯型儿茶素则苦涩较强。

通常讲，茶多酚（其主要构成要素为儿茶素）的整体呈味是苦和涩，受品种（表1）、采摘级别（表2）、采摘季节（表3）、小微环境（海拔、光照等）等影响，其在不同茶品中的含量及比例不同。通常来说大叶种茶树品种比中小叶种的茶多酚含量高（表1）；相对于春茶、秋茶，夏茶中的茶多酚含量更高，更易显苦涩（表3）；同一区域相同树龄的茶树品种，高海拔茶区的茶多酚含量相对更低（表4）；受太阳直射越多的茶，茶多酚含量越高……

表1 不同品种的茶叶中儿茶素（黄烷醇类）的含量
（每克干物质所含毫克数）
（中国农科院茶叶研究所，1977）

	L-EGC	D,L-GC	L-EC+ D,L-C	L-EGCG	L-ECG	总量
云南大叶种	14.36	6.72	18.20	72.83	65.18	177.29
楮叶种	29.98	6.47	11.14	63.31	29.42	140.32
凤凰水仙	22.64	4.38	8.61	71.60	29.76	136.99
龙井种	27.22	2.71	10.40	57.57	22.21	120.1

（《茶叶化学》顾谦、陆锦时、叶宝存 编著，中国科学技术出版社 2002 年版）

表2 茶树新梢中儿茶素（黄烷醇类化合物）的含量变化
（每克干物质所含毫克数）

	L-EGC	D,L-GC	L-EC+ D,L-C	L-EGCG	L-ECG	总量
芽	8.67	5.88	8.52	104.69	19.32	147.08
一芽一叶	15.63	6.20	9.15	88.93	30.41	150.32
一芽二叶	18.23	4.84	9.83	76.10	28.47	137.47
一芽三叶	27.32	6.61	10.29	65.08	25.20	134.50
一芽四叶	22.47	6.06	9.90	53.37	24.23	116.03

（《茶叶化学》顾谦、陆锦时、叶宝存 编著，中国科学技术出版社 2002 年版）

表3　不同季节的茶树新梢中儿茶素（黄烷醇类）的含量变化
（每克干样所含毫克数）

	L-EGC	D,L-GC	L-EC+ D,L-C	L-EGCG	L-ECG	总量
春梢	8.26	3.93	7.86	50.66	28.52	99.23
夏梢	22.44	5.44	11.16	99.93	34.52	164.49
秋梢	25.91	7.38	11.55	67.21	29.75	141.80

注：试样均为一芽二叶（1962年春、夏、秋梢）；茶多酚的80%以上的成分是黄烷醇类（儿茶素类），是茶多酚的主要的呈味和品质因素。
（《茶叶化学》顾谦、陆锦时、叶宝存 编著，中国科学技术出版社2002年版）

表4　庐山不同海拔高度茶叶中多酚类的含量（一芽二叶）
（中国农科院茶叶研究所，1977）

海拔高度（m）	多酚类含量(%)	黄烷醇类含量 （mg／g）	黄酮苷含量 （mg／g）
200	31.26	–	10.67
300	32.73	190.70	10.17
400	35.20	–	10.17
500	32.55	–	8.75
740	31.03	188.06	8.01
930	30.63	–	7.07
1170	25.97	154.00	6.19

（《茶叶化学》顾谦、陆锦时、叶宝存 编著，中国科学技术出版社2002年版）

关于茶多酚的泡茶技巧

在行茶过程中茶多酚的浸出量跟投茶量、水温和冲泡时间均成正比，另外在冲泡过程中，茶叶受到水流作用力越大，茶多酚在单位时间内浸出越多。

凤凰水仙（大叶种）的古树新梢

茶多酚能让茶汤表现出一定的苦和涩，苦涩虽然是很多初入门的茶人不太习惯的风味，但并不是把其在茶汤中的浸出量降到越低越好。抛开营养（茶的保健功效中绝大多数都与茶多酚及其氧化物有关）单纯从品饮上讲，茶多酚的存在能增加茶汤的丰富度、饱满度、余韵、体感、耐泡度和层次性，若是茶汤中茶多酚浸出过少，茶汤的色香味汤都会单薄和清寡。

在冲泡一些茶多酚含量相对较少、氨酚比较高的品种（比如高海拔、高冷产区的茶，安吉白茶等）时可以尝试高冲或稍粗的水流来注水（见《注水方式》篇）——较大的水流作用力，可以使茶多酚在单位时间内浸出更充分。相对于单纯增加坐杯时间，这种方式可以更好的激发茶汤的香气。

白茶类的制作工艺不炒不揉，茶叶的细胞壁在前期制作过程中没有经过破坏，所以茶多酚的浸出速率较慢，相对于其他茶类，同样的水温、冲泡方式、冲泡时间，茶汤中的茶多酚含量浸出量较少，茶汤易显甜感。散的白毫银针以及高等级的白牡丹，在冲泡时可以适度增加水的作用力，增加单位时间内茶多酚浸出量的同时充分激发茶的香气。等级较低的白牡丹、贡眉、寿眉更推荐通过增加冲泡时间的方式让茶多酚充分浸出，以获得相对丰富而饱满的茶汤。

在冲泡岩茶、凤凰单丛和普洱生茶时，可以用高冲或稍粗的水流激发茶的香气，但在用这种冲泡方式时一定要缩短冲泡时间，防止单位时间内茶多酚浸出过多。

由于饮食习惯、所在地区、体质、喝茶时间长短等因素，每个人对于苦和涩的感受阈值不一样，执壶者可以根据饮茶人的情况，灵活调整投茶量、水温、注水方式和冲泡时间等变量。

二、氨基酸类

茶汤中的鲜甜主要源自茶汤中氨基酸类物质，其在茶汤中的浸出量主要受茶树品种、原料等级和冲泡水温的影响。

原料采摘越幼嫩、成品茶中氨基酸类物质越多（这是大部分幼采的绿茶、白毫银针、黄芽茶、红芽茶类品饮起来更鲜爽或鲜甜的主要原因）；叶种越小的茶树品种，其氨基酸类含量越高——例如同样采摘标准和制作工艺的中小叶种绿茶比大叶种绿茶更鲜爽和鲜甜。

　　成品茶中氨基酸类物质的浸出不需要太高的水温，因此以鲜甜为特点的茶类（绿茶、红茶、黄茶、茉莉花茶），官方通行的泡茶指导中，水温都不是沸水。在日常冲泡中如果要更多地体现茶的鲜甜，都可以通过略降低水温的方式来实现。另外为大家奉上一个冲泡小技巧：在盖碗或者壶的冲泡过程，多透（敞盖）少闷，可以增加茶的鲜甜感。

　　相较于茶中其他呈味物质类，氨基酸类物质遇水浸出最快，很多绿茶在第一泡中氨基酸类可以浸出70%以上，这是幼嫩的绿茶、黄茶、红茶、白茶等第一泡推荐饮用的主要原因之一。

表5　绿茶第一泡茶汤成分组成及浸出率
（林鹤松，1988）

（单位：%）

茶汤主要成分	浸出率
多酚类总量	44.96
表没食子儿茶素	55.88
表没食子儿茶素没食子酸酯	38.00
游离氨基酸总量	81.58
精氨酸	75.42
谷氨酸	89.49
茶氨酸	81.16
咖啡碱	66.71
可溶性糖	35.61

（《茶叶化学》顾谦、陆锦时、叶宝存 编著，中国科学技术出版社 2002 年版）

纯芽头的采摘标准

三、芳香类物质

我们感知到的茶中的芳香类物质，主要由品种香、工艺香、地域香以及后期存储过程中转化出的香气构成。

不同的茶树品种，香气物质含量存在很大差异：岩茶中水仙、肉桂、铁罗汉、白鸡冠等各品种都有其独特的香气；凤凰单丛中的各品种香气类物质含量不同，可以呈现出：芝兰香、蜜兰香、肉桂香、黄栀香、柚花香、鸭屎香……

茶叶在制作过程中，工艺会赋予成品茶工艺类香气。我国的六大茶类是按照制茶工艺划分的，所以虽然每个茶类中的各品种都有

乌龙茶和普洱茶采摘成熟的新梢，通常是两叶开面采

其独特的香气，但绿茶都有共通的清香，红茶有共通的甜花香，熟普类有共通暖甜香，岩茶有共通的花果香加焦糖香……

　　小地域和小微环境会影响茶叶香气物质的合成和累积，即便是同一个品种、种植大环境相同，生长于不同的小山场、小区域，成品茶的香气都会呈现出明显的差异。例如，岩茶中三坑两涧都属于正岩核心产区，但马头岩、牛栏坑、慧苑坑、悟源涧等山场，树龄、制作工艺相同的肉桂，其香气表现各不相同——或扬或悠，或果香显、或桂皮香锐……

　　普洱茶因其后期存储环境和存储年限不同，会呈现荷香、樟香、药香、糯香、枣香参香、陈香等香气，六堡茶还会有典型的槟榔香……

从制茶的角度，成品茶中的香气类物质少部分源自鲜叶自带，大部分是由氨基酸、蛋白质、茶多酚、糖类物质化合而来。

从泡茶的角度，按照香气呈现所需的温度不同，可以把茶中的香气分为高温香和低温香。茶的香气中除了少部分的清香（比如绿茶中海苔类香气）和甜香类香气属于低温类香气，其他绝大多数迷人的香气都属于高温类香气——尤其是茶中的花果类香气，所以冲泡以花果香气见长的乌龙茶类时，要以沸水冲泡。

此外茶汤中的香气呈现还受注水方式的影响，用高冲、粗水流等注水方式（详见《注水方式》篇）香气的表现会更高扬，平缓、温柔的注水方式香气的表现会更幽。

四、糖类物质

茶中的糖类物质主要有单糖、双糖和多糖三种，在鲜叶中约占干物质的20%～30%。单糖有葡萄糖、半乳糖、果糖、甘露糖等，双糖主要有麦芽糖、蔗糖、乳糖等，二者均溶于水，具有甜味，是构成茶汤滋味的重要成分，同时也是形成茶叶板栗香、焦糖香、甜香等香气的前体物质。

鲜叶中多糖是由多个单糖构成的高分子化合物，主要有淀粉、纤维素、半纤维素以及果胶素、木质素等。多糖本身没有甜味，且大多数不溶于水，但淀粉在制茶过程中可以水解为麦芽糖、葡萄糖，促使单糖增加，增加茶的甜度，同时还可以转化为可溶性糖，

乌崃高山区的茶树一年有 300 多天处于云雾之中

增进茶汤的香味。另外，多糖中的水溶性果胶溶解于茶汤中，可以增加茶汤的稠厚和甜醇。

茶汤中的糖类物质含量与鲜叶的采摘标准（表 6）有关。通常来说，采摘成熟一些的原料制成的成品茶，糖类物质含量更多、甜醇的呈味更明显……

从泡茶的角度，糖类物质较氨基酸和茶多酚等浸出更慢——茶至尾水时，茶多酚等物质已大部分浸出完毕，我们饮到的尾水甜，基本全是糖类物质的呈味。糖类物质的充分浸出需要偏高一些的水温和较长时间的冲煮，这一点在焖、煮茶时尤为明显：焖煮的老白茶、老六堡、老熟普或者老生普在甜醇和稠厚度上都比冲泡更胜一筹就是因为糖类物质在此类冲泡方式下浸出更充分。

表6 鲜叶不同部位糖类物质含量成分表

（单位：%）

新稍部位	可溶性糖 / %			淀粉 / %	粗纤维 / %	水溶性果胶 / %
	单糖	双糖	总和			
第一叶	0.99	0.64	1.63	0.82	10.87	3.08
第二叶	1.15	0.85	2.00	0.96	10.89	2.63
第三叶	1.40	1.66	3.06	5.27	12.25	2.21
第四叶	1.63	2.06	3.69	–	14.48	2.02
老叶	1.18	2.52	4.33	–	–	–
嫩叶	–	–	–	1.49	17.10	2.62

（《茶叶化学》顾谦、陆锦时、叶宝存 编著，中国科学技术出版社 2002 年版）

五、咖啡碱

鲜叶中的生物碱，主要是咖啡碱、可可碱、茶叶碱，咖啡碱含量最高，其含量为干物质的 2% ~ 5% 左右，可可碱约为 0.05%，茶叶碱约为 0.002%。咖啡碱呈苦味，它是构成茶汤滋味的主要物质之一。

咖啡碱在成品茶中的含量，主要受茶树品种、采摘标准、采摘季节的影响——咖啡碱在各茶树品种间的含量有明显的区别，比如云南的布朗山以出产很多苦茶品种闻名：老曼峨、曼新竜、曼西良等很多寨子的苦茶受到两广地区茶客的钟爱；鲜叶中咖啡碱的含量随着新梢生长而降低（表7）；同一品种、产区、采摘标准和制作工艺，夏茶的咖啡碱含量更高。

表 7   咖啡碱在茶树新梢不同部位含量

（单位：%）

部位	芽	一叶	二叶	三叶	四叶	茎梗
咖啡碱含量 / %	3.98	3.71	3.29	2.68	2.38	1.64

（《茶叶化学》顾谦、陆锦时、叶宝存 编著，中国科学技术出版社 2002 年版）

制茶过程中咖啡碱的含量相对稳定，但它与茶多酚及多酚类氧化物络合后，会减少茶汤的苦涩度同时增加茶汤中的鲜爽类呈味——这是同样的鲜叶原料，经发酵处理成红茶后，苦涩度显著降低的原因之一。

咖啡碱不溶于冷水而溶于热水，这是冷泡茶、冷萃茶不会苦

制茶过程中咖啡碱的含量相对稳定，但它与茶多酚氧化络合后会减少茶汤的苦涩度（图为发酵中的金骏眉）

涩的重要原因之一。咖啡碱在茶汤中的浸出量与温度成正比，在冲泡实践中，如果想要降低茶汤中的苦味，可以尝试一下适度降低水温。

最后的提醒：

我们可以通过对注水方式和泡茶变量（水、器、投茶量、水温、冲泡时间等）的灵活控制，影响各呈味物质在茶汤中的浸出量和比例，但在应用时需注意同一个泡茶变量对几大呈味因素的综合影响，切不可调控过当，丢失其他风味——例如：适度降低水温可以在其他风味物质保持相对平衡的同时略降低一些茶中苦涩呈味，但水温过低，会大大影响香气、糖类等物质的充分浸出，使茶汤的综合品饮度下降。

茶的品鉴与审评

孔子说"饮食男女"，饮和食都是进口鼻而入身心，所以有很多相通之处。品茶有如品美食，泡茶如同烹饪，美食家不一定都擅长烹饪，但好厨师一定都是深谙品鉴的美食家。学习茶的品鉴和审评知识，可以提升饮茶者的品鉴水平，有助于选茶、品茶；对于茶艺师和终端从业者来说，这是关乎生存的必修课程。

一、茶的外形

茶的品鉴体系在唐陆羽之时便已成雏形。"茶有千万状，卤莽而言，如胡人靴者，蹙（cù）缩然。京锥文也。犎（fēng）牛臆者，廉襜然；浮云出山者，轮囷（qūn）然；轻飙拂水者，涵澹然。有如陶家之子，罗膏土以水澄泚之。谓澄泥也。又如新治地者，遇暴雨流潦之所经。此皆茶之精腴。有如竹箨（tuò）者，枝干坚实，艰于蒸捣，故其形籭簁（shāi shāi）然。上离下师。有如霜荷者，茎叶凋沮，易其状貌，故厥状委悴然，此皆茶之瘠老者也"，陆羽在《茶经》"三之造"中提出了茶叶品鉴和审评的第一

龙井 43 号干茶外形匀齐

个因子——茶的外形。

　　成品茶的外形可以给我们提供其采摘级别和制作工艺等信息，在我们如今的品鉴和审评体系中，这个因子仍在沿用。对于干茶外形，我们观察的是其形状、色泽、松紧、整碎、匀净等，它在不同茶类中的应用和权重完全不同。

　　以单一品种制成的成品茶，外形匀齐度要求高。其中绿茶、黄茶和工夫红茶均有做形的工艺环节，这三类茶的干茶以形状优美、条索匀齐、色泽鲜亮、不含其他杂质为优。

　　老川茶（当地原生群体种）制成的蒙顶甘露、老茶蓬的老树龙

老树老茶蓬（传统龙井群体种）干茶外形

井，菜茶（当地原生群体种）制成的白茶、云南原始群体种制成的普洱茶、古树红茶、古树白茶等，因其茶青原料为有性群体种，所以外形没办法像单一品种那样一致和匀齐，不能直接套用外形的审评标准，否则我们就会错过茶中的极致之味。

　　成品茶的外形是我们品鉴和审评一款茶的因子之一，但我们无法仅通过外形来判断一款茶的优劣，毕竟茶是用来饮的、不是用来看的。

　　在现行的五因子审评体系中（五因子：外形、汤色、香气、滋味，叶底；八因子：条索、整碎、净度、色泽、汤色、香气、滋味和叶底。八因子只是把五因子中外形拆分了而已）名优绿茶、工夫红茶、黄茶、白茶的外形因子所占比重为 25%（见表一，下同），在乌龙茶、普洱茶中所占比重为 20%。在实际的品鉴中，外形这一项的占比可缩减至 15% ~ 10%。

二、茶的香气

茶"馨欸也"（香至美曰欸，陆羽《茶经》），对于茶香，陆羽仅仅用了两个字便概括了茶的香型和香感——欸形容的是香型至美，"馨"描述的是香感：香气可以散布得很远（《说文解字》中说："馨，香之远闻者也"）。

"茶有真香，而入贡者微以龙脑和膏，欲助其香。建安民间皆不入香，恐夺其真"（蔡襄《茶录》），"茶有真香，非龙麝可拟"，"入盏则馨香四达，秋爽洒然"（宋徽宗《大观茶论》）。宋徽宗和蔡襄用茶有"真香"无需龙麝之类，强调了茶香必须纯净；徽宗用"馨香四达""秋爽洒然"来描述香感的馥郁、高扬、穿透力强。

茗饮之事发展到宋代，对茶香气的品鉴框架——纯异、香型、香感已基本成型，用现在六大茶类的分类方式，唐宋时期饮用的主要是单一的蒸青绿茶的团饼茶，所以在香气类型上没有过多具体的描述。清代以后，随着茶类和制茶方法的不断丰富，关于香型的描述也越来越丰富和具体："气味芳烈，较嚼梅花更为清

闻汤香

绝。"（《潮嘉风月》），"木瓜微醉桂微辛"（清蒋蘅《武夷茶歌》）。

在我们现行的香气品鉴和审评体系中，品鉴一款茶的香气，我们首先看其是不是纯净无杂，然后再分辨其香型和香感。香型包括：毫香、蜜香、花香、果香、陈香等，香感包括浓淡、高低、长短以及持久性等。

香气能够直观地表现茶的美，在品鉴和审评体系中，茶的香气都是比重很大的因子和指标——在五因子审评体系中，花茶的香气因子占 35% 的权重，普通绿茶、乌龙茶、红碎茶占 30%，其他茶类占比 25%。

审评体系中茶香的观察点是汤香、出汤后的叶底香（乌龙茶审评中增加了盖香），品鉴体系对茶香气的品鉴会更详细——在茶的品鉴中我们会品干茶香、汤香（根据香气表现可以递进表达为水飘香、水含香、水即香、水生香）、回味香（吞咽完茶汤后香气在口腔里的留存度、持久度以及变化）、杯底香等。

三、茶的汤色

陆羽在《茶经》说茶"其色缃也"；宋徽宗在《大观茶论》中把茶汤之色以单独篇章来强调："点茶之色，以纯白为上真，青白为次，灰白次之，黄白又次之"。茶汤颜色这一因子，在现有的品鉴和审评中也在沿用，目前主要从色度（茶汤颜色）、亮

普洱熟茶汤色

度、清浊度三个方面来辨别茶叶品质，但它在各项因子中所占比重较小，在五因子审评体系中乌龙茶、花茶占比 5%，其他茶类都在 10% 左右。

四、茶的滋味

"其味甘，槚也；不甘而苦，荈也；啜苦咽甘，茶也"，"至美者曰隽永。隽，味也；永，长也。味长曰隽永"，陆羽《茶经》中关于茶品鉴和审评说到了茶的滋味（甘和苦），并用"隽永"一词着重强调茶的留存度越高越好。

"夫茶以味为上，香甘重滑为味之全"，宋徽宗在《大观茶

品茶汤

岩茶叶底

论》中强调滋味是茶的品鉴和审评指标中最重要的一项，且茶汤要"香甘重滑"。"重""滑"这两项对汤体和汤感的描述是茶的重要品鉴指标，这项指标关乎茶叶品种、采摘时节、茶的种植环境、茶树树龄等，通常说来，春茶比夏秋茶汤体更重；漫反射环境好的茶，其茶汤会更滑；云南的古树茶其茶汤比小树茶更重和滑……这两项指标不仅应用在茶里，在品酒、咖啡时也极其重要。

茶汤的滋味是我们品饮一款茶最重要的指标，在通行的五因子审评方法中，其比重为 30% ~ 35%。很多读者和茶友反馈，对照现行的五因子审评方法学习品鉴和审评时，在茶汤滋味这一项，左右不得其法。我们先看一下现行的五因子审评方法中，关于茶汤滋味规定的一些通用评语及释义。（以下出自高等职业教育农业部"十二五"规划教材《茶叶审评与检验》）

醇厚：汤味尚浓，带刺激性，有活力，回味爽或略甜；

醇和：汤味欠浓，鲜味不足，但无粗杂味；

纯正：滋味较淡但属正常，缺乏鲜爽，"纯和"与此同义；

软弱：味淡薄软，无活力，收敛性弱；

平淡：味清淡但正常，尚适口，无杂异粗老味；

粗淡：味淡薄滞钝，喉味粗糙，为低级茶或老梗茶的滋味；

苦涩：味虽浓但不鲜不醇，茶汤入口，味觉麻木，如食生柿，青涩与此同义；

水味：干茶受潮，或干度不足带"水味"，犹如掺水甚多之黄酒，口味清淡不纯，软弱无力；

异味：烟、焦、酸、馊、霉味等劣异味。

我们不难发现在茶的品鉴和审评中占比最重的滋味一项在五因子审评方法中比较笼统和简化，这其中缘由是五因子审评方法的诞生初衷是为了满足大宗贸易、特别是对外贸易的需求，所以五因子审评法是参考但并不是对精细品鉴和审评的指导。

对一款茶汤的精细品鉴和审评，推荐从以下角度入手：茶汤中的香气（纯、异，香气类型、香入汤的程度——水飘香、水含香、水即香、水生香），茶汤中的滋味（浓、淡，苦、甜、酸……），汤感（柔、细腻、厚、醇、涩……），生津和回甘（有无、强度及其表现），香气和滋味在口腔中的留存度（持久力），此外还有一项是耐泡度。

唐宋的饮茶方式都是在一次烹点里对茶的内含物质进行充分的萃取，所以关于耐泡度一项并未提及。五因子的审评体系中耐泡度这一项虽不是明确的评分因子，但乌龙茶分别闷泡 2 分钟、3 分钟、5 分钟的盖碗审评方法，其设计初衷是有耐泡度考量的。

耐泡度是我们品鉴、审评一款茶的重要指标之一，排除其他冲泡因素的影响，茶的耐泡度越高，代表茶的内质越丰富，它是我们判断采摘季节、茶树树龄、茶叶产区等的重要参考指标。

五、叶底

唐代的煎茶法和宋代的点茶法在品饮时，茶需研磨成末再进行

审评

烹或点，所以在《茶经》和《大观茶论》中并没有提及现在五因子
审评方法中的叶底一项。明朱元璋"废团兴散"后散茶流行，叶底
才逐渐成为一个关注和参考指标。

在现行的五因子审评方法中，冲泡完毕后的叶底，可以从色
泽、亮度、嫩度、匀度几个方面进行观察和打分。叶底这个因子在
五个因子中所占比重为10%，它是对外形和其他因子的补充。

需要强调的是五因子审评中叶底的诸项要求都是建立在大宗的
茶品上，具体到个体的茶（比如以群体种为茶青原料的成品茶），
很多指标不能直接套用。

云南原始森林深处里的古树茶茶区比如易武的弯弓、薄荷塘、
茶王树、同庆河、百花潭、白沙河、冷水河区，狭窄的密林山道仅
能容下摩托车单向通行，最快的鲜叶运输方式只能靠捆绑在摩托车
后座，陡坡、颠簸、涉水，翻山越岭两个小时以上才能达到初制
所，所以鲜叶在运输途中无法做到像其他产区那样没有损伤。如果
仅凭叶底不匀齐和色泽不统一就否定一款茶，那我们就要错过极端
之美中的极致之味了——余秋雨先生在《极端之美》中把书法、昆
曲、普洱茶列为中国文化中的三个极端之美——这极致之味，在于
其原始的、自然延续千百年的有性群体种；在于原始森林深处，远
离人烟的干净和纯粹；在于其生于蛮荒、无人为干预的生命力……

表1　五因子审评法中各类茶品质因子评分系数

（单位：%）

	外形（a）	汤色（b）	香气（c）	滋味（d）	叶底（e）
名优绿茶	25	10	25	30	10
普通绿茶	20	10	30	30	10
工夫红茶	25	10	25	30	10
（红）碎茶	20	10	30	30	10
乌龙茶	20	5	30	35	10
黑茶（散茶）	20	15	25	30	10
压制茶	25	10	25	30	10
白茶	25	10	25	30	10
黄茶	25	10	25	30	10
花茶	20	5	35	30	10
袋泡茶	10	20	30	30	10
茶粉	10	20	35	35	0

（高等职业教育农业部"十二五"规划教材《茶叶审评与检验》农艳芳 主编，中国农业出版社 2012 年版）

六、特别提醒

五因子审评法采用的是低—高—低的注水方式（参见《注水方式》篇）和沸水闷泡法——这种方法是茶叶审评和大赛中通用的冲泡方法，其底层原理是排除水温、冲泡手法等所有泡茶技能的干预，在最极端的泡茶手法下看哪些茶品还能有优异的表现。

　　所有最顶级的茶品，即使是细嫩到纯芽头的金骏眉，无论何人、用何种泡茶方式呈现，茶汤会有不同的风格但不会减损其风味。这些顶级的茶品对茶树品种、生长环境、采摘时天气、制作工艺等要求极高——它们是天时地利人和的产物，数量少，市场价格也自然不菲。

　　经常收到读者、茶友以及终端经营者反馈，学了五因子的审评方法反而不会选茶了——我们需要清晰：日常为自己或者客户选茶是选合适价位内的最佳茶品而不是以审评或品鉴的最高标准来选出最好的茶。在合适自己、客户的价位内哪些因子是自己、客户最在乎的，哪些因子可以放宽对它的要求，理清这些我们才能准确地找到适合的茶品——喝茶这件事丰俭由人，掌握必要的泡茶技能把属于自己的茶泡好，扎扎实实地拥抱当下，然后仰望着月亮继续前行，这才是对现在、未来和生命的最好尊重。

唐宋的饮茶方式
—— 煎茶法、点茶法

《品茗杯的历史演化及选择》一篇，为大家简单梳理了茶之为用以及饮茶方式的历史演化：茶之为用经历了从药用、食用到饮用的演化；茶之为饮从加很多调味的"调饮"演化为不加任何调味的清饮；饮茶方式经历了煮茶法、煎茶法（唐）、点茶法（宋）、瀹泡法（即泡茶法，明代至今）。

限于主题和篇幅，《品茗杯的历史演化及选择》中并未对唐代的煎茶法和宋代的点茶法展开详述，但只有了解这两个重要时期的饮茶之法，我们才能顺畅地串联起茶叶制作、饮用方式、器具等的演化，所以特以此篇来单独分享。

下文介绍的唐代的煎茶法和宋代的点茶法，分别出自唐陆羽的《茶经》和宋徽宗的《大观茶论》，这两本茶书是我们了解唐、宋茶事，研究中国茶和茶文化的必读经典，推荐大家深入阅读。

唐代饮用的主流茶品是蒸青团饼茶，饮茶时取出茶饼，将茶饼放在火上焙烤（"若火干者，以气热止；日干者，以柔止"：如果茶饼是烘焙干燥的，那么烤到热为止；如果茶饼是晒干的，则要烤

法门寺出土的唐代宫廷茶器——茶笼（炙焙用器）

法门寺出土的唐代宫廷茶器——茶碾

法门寺出土的唐代宫廷茶器——茶罗

到柔软为止），烤好之后，趁热用纸袋装起来，使它的香气不致散失。待茶饼冷却后将茶饼碾罗成茶末——碾罗要细：上等的茶末，其碎屑如细米；下等的茶末，其碎屑如菱角状。

　　唐代的煮水和煎茶的主器具是釜（这个器具在日本点茶道中仍保留作煮水器）。用交床把釜固定在风炉（风炉的制式像古代的鼎）上，以清洁无染、无异味的木炭起火，将取来的山泉水倒入釜中开始煮水（《茶经》原文中对煎茶之火和用水进行了详细的论述："其火用炭，次用劲薪"并强调了炭火、木材需洁净、无染、无异味；"其水，用山水上，江水中，井水下"：最佳品茗用水是山泉水）。

法门寺出土的唐代宫廷茶器——盐台（装盐巴用）

当水出现鱼眼般水泡并发出微微之声时便是一沸的水候，这时根据水的多少放入适量的盐来调味提鲜；当釜的边缘有泉涌连珠的水泡时便是二沸的水候，此时取出一瓢水，用竹筴在汤的中间绕圈搅动，然后把用"则"量取的、刚碾好的茶末投放进去。稍等片刻，水会沸腾得像波涛一样，这时将先前舀出的水加进去止沸，以保留茶汤中的精华。

以茶碗饮茶（这种饮茶之法中，为了更好地体现茶汤颜色，陆羽在《茶经》中说"碗，越州上，鼎州次，婺州次，岳州次，寿州、洪州次"），斟茶汤入碗时，要让沫饽均匀（饽，也是茶沫，陆羽说沫饽是茶汤的精华）。

一般烧水一升，通常煎茶三到五碗（"夫珍鲜馥烈者，其碗数三。次之者，碗数五"），"若坐客数至五，行三碗；至七，行五碗；若六人已下，不约碗数，但阙一人而已，其隽永补所阙""若人多至十，加两炉"。如果按照现在的饮茶方式，是无法理解五位客人行三碗茶、七位客人行五碗茶是如何饮用的——这是一种"传饮"的饮茶方式，这种饮茶方式在日本的点茶道中完整地保留着：每行一碗，在座的客人每人一口传递饮完。

茶要趁热连饮，因为重浊不清的物质凝聚在下面，精华浮在上面，茶一冷，精华就随热气跑光了。至于茶的风味，陆羽说第四、五碗最好，第一、二、三碗次之（"诸第一与第二、第三碗次之，第四、第五碗外，非渴甚莫之饮"）——其中缘由应该与茶汤的温度和内含物质浸出有关：茶汤温度太高，会影响口腔对于风味的感

故宫世界茶文化特展中的茶釜（17~18 世纪日本 ）

现代仿宋的点茶器具，从右到左分别是：执壶、茶盒、茶筅、茶碗。

现代仿宋的茶杓

点茶

点茶过程中的注水

知；分第四、五碗茶时，茶叶内含物质浸出时间更长，浸出相对更充分。

（陆羽在《茶经》中，把釜、交床、风炉、纸囊、碾、罗、竹筴、茶碗等全部茶器具在"器"的章节进行了详细介绍和论述，为了行文的流畅性，在本文中不作单独介绍，感兴趣的茶友可自行阅读相关篇章。）

宋代的点茶法饮用的仍然是蒸青团饼茶，但制茶工艺比唐代更纯熟，在饮用时无需再多炙焙，可以直接进行碾罗。茶末的碾罗分筛比唐代要求更细——足够细腻的茶末才会轻盈而均匀地悬浮，冲点出的茶汤才能像粥一样浓稠并泛着洁白的光华。

取水：水以清轻甘洁为美。虽然说中泠和惠山的泉水为上，但因为距离缘故不是所有人都可以取来用，那么这种情况下的第一选择便是取当地洁净的山泉水，其次便是常汲的井水。

候汤：宋代的煮水器是汤瓶，宋徽宗在《大观茶论》中说汤瓶适宜用金银制作，蔡襄在《茶录》说："瓶要小者，易候汤，又点茶、注汤有准。黄金为上，人间以银、铁或瓷、石为之。"

汤瓶除了是煮水器还是冲点之器，所以在器型选择上，瓶嘴在瓶身上的开口要高且近乎直，这样注水有力又不散乱；瓶嘴的末端要圆小而陡峭，这样注水时易于控制水流而不会出现流滴。

备器：准备茶盏、茶筅、茶杓。

"盏色贵青黑，玉毫条达者为上，取其焕发茶彩色也。底必差深而微宽，底深，则茶宜立而易于取乳；宽则运筅旋彻，不碍击拂"——盏的颜色最好是青黑色的，带有玉毫条（按表述，类似建盏中的兔毫盏）的最好，这样最能映衬出茶的色彩；形制上要底深、口径略宽，底深茶末容易悬浮打成乳饽，口径略宽有利于运筅、击拂。

"茶筅以箸竹老者为之，身欲厚重，筅欲疏劲，本欲壮而未必眇，当如剑脊之状。盖身厚重，则操之有力而易于运用；筅疏劲如剑脊，则击拂虽过而浮沫不生。"茶筅最好用老的箸竹来做，筅身重，末端要细而有力。

茶杓，量取茶末之用，"杓之大小，当以可受一盏茶为量"——最佳的大小是刚好可以取冲点一盏茶的量。

点茶：当水煮到水面有鱼目、蟹眼样的泡泡连续迸跃时，用茶杓量取一盏茶的量放入温好的盏内，注入适量的沸水，将茶膏调得像融胶一样。

沿着盏壁边缘环形进行第一次注水（不能直接注到调好的茶膏上）。用茶筅先搅动茶膏，再渐渐加力击拂——手腕动作轻、筅的力度重，把茶膏的上下击打均匀透彻，当茶面就像加了酵母的发面一样慢慢发起来，汤面上的汤花像疏星皎月般美好，茶面的基础就打好了。

第二次注水：从茶面上注入，环绕注水一周，急速注水、急速停止。继续击拂到茶色逐渐呈现，茶面上泛起串串珠玑样的汤花。

第三次注水量和第二汤一样，击拂轻巧均匀、周旋回转、透彻表里，随着茶筅的搅动，粟粒、蟹眼状的汤花不断地泛起凝结，这时茶的色泽已显现十之六七了。

第四次注水量要少一些，用筅尾击打，幅度要宽但速度要慢，这时茶的华彩便焕发出来，云雾一样的沫饽渐渐地就形成了。

第五次注水可以稍微多一些，运筅要轻，但力度要透达。如果茶还没有完全生发，就用力击拂使它生发出来；如果沫饽已经过多，就用筅轻轻拂动使茶面收敛凝聚。这时细密的白色沫饽如同聚结的云气和凝聚的雪面，茶色已全部呈现。

第六次注水主要是要看茶的细密立作状态（原理如同打发奶油，奶油充分打发状态下是可以立住的），如果已经打发到位，只要用筅缓慢地环绕茶面拂动就可以了。

第七次注水主要是调整一下茶的轻重清浊，茶汤稀稠适宜便可。这时茶面沫饽如云雾汹涌般充满茶盏，茶盏边缘部分的沫饽凝结不动，叫作"咬盏"。

到此便可饮茶了，饮茶时连同沫饽一起饮用。

行茶、泡茶的
基本流程

备茶

准备茶品的过程包括提前醒茶和称量茶叶。

醒茶方法详见《醒茶》篇，需要再次强调的是老茶和紧压茶在正式冲泡前一定要充分醒茶，茶越老、压得越紧所需醒茶时间越长。

所需茶叶的克数根据当天的饮茶人数、冲泡器具的容量等进行计算。饮茶人多宜用稍大一些的主泡器（壶、盖碗等）配稍多一些的克数，具体茶类的投茶量和茶水比可参考《投茶量》篇。

备水

根据冲泡茶品选择合适的冲泡用水（详见（《泡茶用水》以及《纯净水、天然水和矿泉水泡茶感官差异试验》），接待客人时，备水量要足够，且一定用自己熟悉的水和器，避免因水和器不熟悉带来的行茶尴尬。

备茶

备水备器

备器

　　根据当天的饮茶场景、饮茶人数、所选茶品等选择合适的煮水器、主泡器、品茗杯、建水（也称为水盂，置于茶席之上，用于暂时存储温壶、温杯、温盏以及温润泡的水及茶汤），茶巾、茶荷等，考量适配的容量、材质、厚度、个数、颜色等。

煮水

　　根据所选茶品、场地、场景、人数，选择合适的煮水量（冲泡2~3次不需再次煮水为宜）、煮水方式（详见《煮水的讲究》）、水温（《泡茶水温》）等，切忌水反复煮沸至老。

煮水

赏茶

赏茶

把即将冲泡的茶叶盛放于茶荷、茶则、茶盒之上，供饮茶者观赏干茶，执壶者和饮茶人切忌用手去直接触碰干茶以免污染茶叶。赏干茶过程中，执壶者可就茶的产区、制作、特点等做简短的介绍。

温壶、温杯、温盏

洁具仅是这一步骤的功能之一，其更重要的作用是充分的温壶、温杯、温盏，能更好地激发茶香和茶味（方法详见《温壶、温杯和温盏》篇）。

温盏

温杯

投茶入壶或杯

把即将冲泡的茶缓缓地投入主泡器中（壶、盖碗、杯），壶和盖碗的盖要及时盖回。

投茶

摇香

投茶入主泡器（壶、盖碗、杯等，下同），静置10秒左右后，主泡器中的热量会让茶缓慢地苏醒并开始绽放茶香，此时持主泡器（盖碗、壶、杯等）上下轻摇——轻摇的动作能加速主泡器中空气分子的振荡运动，能够更好地激发干茶香。

散状茶适宜摇香，紧压茶可不摇香，静置 10 秒即可。另外，摇香宜轻柔，不可操作过猛。

摇香

闻干茶香

端起盖碗／壶，轻开小口，自然吸气，茶香便自然绽放于我们的鼻腔。

闻干茶需注意：轻开小口；不要向盖碗中呼气（如果掌握不好呼吸，可端起盖碗后先呼气再开小口进行吸气）；闻完干香后立即把壶盖／盖碗盖复位盖回，再传给下一位或执壶者。

闻干茶香

注水冲泡

根据所用茶品选择合适的冲泡方式（见《注水方式》篇）和冲泡时间（见《茶冲泡时间》篇），然后匀速、缓缓地出汤于公道杯中。出汤切不可"一股脑儿"地倾泻（这样茶汤易浑浊、茶味苦涩易重），要缓缓倾斜盖碗、壶，让茶汤顺势自然流出。

分茶入杯

把公道杯中的茶依次分入品茗杯中。分茶时宜低斟，如客人有特殊要求（少饮），各品茗杯中的茶汤尽可能平均且每杯茶不宜超过七分满。

注水冲泡

分茶入杯

品茶

品茶

茶宜小口慢品。品其香、汤、味，体验其生津回甘以及饮毕在口腔中停留以及重新生出的香、韵。

重新注水冲泡、分茶入杯、品茶至终了

一次的煮水量最宜连续冲泡 2 至 3 次茶（不需要复烧）。如果容量太小，每次冲泡间隔太长，则有损茶香茶味（品茗者等待时间也会太长）；如果容量太大，后几泡水温降低或需要反复煮沸，都会影响茶的表现。

继续冲泡

随着冲泡的次数的增多，须相应增加冲泡时间，尾段可以用环绕注水法（详见《注水方式》篇）。

赏叶底

饮毕，将冲泡后的叶底盛放于赏茶盘中，欣赏叶底。

叶底能够给出采摘标准、茶青原料、制作工艺的一些信息，有助于增加对所饮茶的认知。

赏叶底

涤器

茶饮毕，用沸水将主泡器（盖碗、壶）、公道杯、品茗杯等相关茶器荡涤干净，再进行下一泡茶的冲泡（如离席不再品饮，则将所有茶器收纳归位，注意主泡器中不宜有任何残留）。

涤器

六大茶类
冲泡指南

泡茶、饮茶这件事情，应该是开放的、悦己的、属于每个人的。在一线教茶的多年中，我一直反对太教条的教学——让茶变成良伴，活在每个人的手里，远比把大家框在某个程式里重要，这是我把冲泡指南放在本书最后的原因。本篇章简单罗列各大茶类最常用的冲泡器具、方式和方法供大家作入门参考，我会为大家写清楚所推荐器具、水温、冲泡方式等的原因，希望大家不拘于此，掌握和内化本书前面章节述及的内在逻辑，在生活、工作中不断创新，让传统的中国茶有更有趣、更丰富的讲述、演绎和表现方式。

一、绿茶类的冲泡

绿茶类主要风味是鲜爽、鲜甜，因其大都采摘细嫩且制作过程讲究做形，所以绿茶还是具有观赏性的茶类。

器具选择：推荐玻璃、琉璃类透明材质的敞口器具（杯、碗等）。透明材质有利于观赏茶之形美和冲泡过程中的沉浮变化，敞

西湖龙井

口器具有利于散热和降低水温。

　　水温：官方推荐85℃~90℃。如果冲泡水温过高，大部分绿茶易出现较高的苦涩度且降低自身鲜感；如果冲泡水温过低，则会丧失茶汤的丰富度和饱满度。

　　绿茶到底可不可以用沸水冲泡，是大家经常争论的问题，绿茶是我们各大茶类中饮用时间最长、史料最多的茶类（明代朱元璋"废团兴散"之前的以蒸青绿茶的团饼状为主，我们现在饮用的散制绿茶大规模流行于"废团兴散"之后），我们先看古人在冲泡散制绿茶时，对泡茶水温的经验总结："蟹眼之后，水有微涛，是为当时，大涛鼎沸，旋至无声，是为过，过则汤老而香散，决不堪用"（明许次纾《茶疏》）——当水开始有微涛，便可以取下煮水器，"嫩则茶味不出，过沸则水老而茶乏"（明田艺蘅《煮泉小品》）。就此水候，我在不同地方都进行过观察测试，受海拔等因素影响此水候的水温有所不同，但基本在85℃~90℃之间。绿茶不是不可以用沸水冲泡，一些荒野的、老树的、特殊品种的绿茶即使用沸水冲泡其表现都会十分惊艳，但这样的茶毕竟是少数，对于市场流通的绝大部分绿茶建议还是用官方推荐的水温才能达到鲜、香、汤、韵的最佳平衡。

投茶量：茶水比1:50左右，150毫升的主泡器常用的投茶量是3克，可依个人口味和习惯进行添减（关于投茶量的更多、更深入的探讨，请参见《投茶量》篇，下同）。

区别于其他茶类的下投法（先投茶，后注水），绿茶还可以有中投法（先注水，再投茶，再注水）和上投法（先注水，后投茶）。茶毫含量比较高的茶品比如碧螺春、蒙顶甘露等推荐用上投法（这样茶汤可以保持相对的清澈）；原料等级较高（采摘比较幼嫩）的单芽类可以尝试中投法；大部分茶品都可以用下投法。

温润泡：可饮用（更多关于温润泡的内容，详见《温润泡与洗茶》篇，下同）。

注水方式：茶水比小于等于1:50的情况之下，可以用旋冲的注水方式——于主泡器（玻璃杯、碗等）的一侧单边定点，均匀、稳定注水的同时逐渐压低注水位，让茶叶随水流有序旋转——茶叶在这种注水方式下所受的水流作用力较大，可以加大茶叶内含物短时间的浸出速率；投茶量越大（茶水比大于 1∶50），注水方式应越温柔——减少水流对茶叶的冲击力度，让茶中的内含物质均匀缓慢地浸出。

冲泡时间：绿茶的传统杯泡法中，至品饮结束，茶和茶汤一直不分离（这种冲泡方式，茶水比建议小于等于 1∶50），为了茶汤从始至终更平衡地过渡，在传统冲泡中可以用留根泡法：待茶汤饮至剩余三分之一左右，进行第二次注水；再饮至剩余一半左右，再一次续水……

使用类似工夫茶的盖碗冲泡法，如果出汤不及时，茶汤极易苦涩，所以投茶量不宜过大，建议茶水比 1∶50 左右，在冲泡过程中请注意多透少闷，避免绿茶出现闷味和熟味。

冲泡时间的计算应自注水起算，直至出汤完毕（下同，关于冲泡时间、坐杯、闷泡的详尽内容，请参考相关篇章），盖碗冲泡，1∶50 的茶水比，第一次冲泡时间可以尝试 30 秒（仅做参考，根据个人口味和茶汤表现增减），后续冲泡时间逐泡递增。

茶的揉捻、整碎程度，冲泡水温，投茶量，冲泡方式，每个人的冲泡习惯等都会影响冲泡时间这个变量，不考虑以上所有因素，规定某个冲泡时间，是不严谨的，所以本篇的所有茶类的冲泡时间仅供大家参考，下同。

耐泡度：一款茶的耐泡度是检验其品质的重要指标，但它在具体表现上受茶叶品种、投茶量、水温、冲泡手法、冲泡时间等的影响（详见《茶的冲泡次数与耐泡度》），本篇耐泡度数值仅供大家

绿茶上投法（先投水，后投茶）

绿茶下投法（先投茶，再投水）

参考（下同，不再赘述）。

成品绿茶通常都可冲泡3次，佳者3次以上。

二、红茶的冲泡

红茶是温润、香甜的茶类，佳者带有花香、果香和蜜香。

器具选择：白瓷盖碗、瓷壶、紫砂壶等。从更方便调控冲泡细节的角度，推荐白瓷盖碗——盖碗可以比较方便地调控水温、出汤速度，同时还可以通过适度敞盖避免水温过高时出现闷、熟味。

水温：官方推荐93℃左右。温度过高，有些红茶会有酸、苦和涩感出现；温度太低，则会风味不足；在这个水温上下，大部分红茶都可以获得较佳的风味。当然，从审评的角度，优质的红茶在沸水冲泡下都可以有上佳的表现，但官方版本的冲泡指南而是为了确保绝大多数红茶（特别是大宗红茶）在此冲泡方式下能有较佳的风味体现（其他茶类同样的道理）。

投茶量：常用的茶水比1∶30～1∶50左右，150毫升的主泡器常用的投茶量是3～5克，可根据个人口味相应添减。

温润泡：可饮用（详见《温润泡与洗茶》篇，下同），但饮茶这件事是自由的、属于我们每个人，大家可以自己尝试后选择是否饮用。

注水方式：茶水比小于等于1∶50时，可以给予茶稍大的水流作用力，激发香气的同时让茶中的内含物质有相对充分的溶出。具

红茶推荐用盖碗进行冲泡

细嫩的红茶可以用稍低的温度进行冲泡，以体现其鲜香避免闷熟味

体注水方式可以综合使用单边定点高冲或较粗水流等（原理参照《注水方式》篇，下同）；投茶量大，茶水比大于等于 1∶30 时，单位时间内茶中的内含物质浸出较多，冲泡方式上应避免太大的水流冲击力；茶水比在 1∶50 ~ 1∶30 之间时，兼顾茶汤和激发香气可以使用单边定点的低冲加稍粗一些的水流，或者高冲加稍细的水流……

冲泡时间：冲泡时间的计算应自注水起算，直至出汤完毕，以 1∶50 的茶水比，第一次冲泡时间可以试着从 30 秒左右开始（仅供参考，根据个人口味和茶汤表现增减）。

耐泡度：国内的红茶（红碎茶除外）通常都可以冲泡 6 次左右，佳者可以冲泡 10 次以上。

冲泡技巧：所有的红茶在冲泡过程中都要注意多透少闷；细嫩红茶可以用稍低的水温进行冲泡，以体现其鲜香避免闷熟味。

三、乌龙茶的冲泡

中国的乌龙茶包括闽南乌龙、台湾乌龙，闽北乌龙和广东乌龙。闽南乌龙的代表茶品是铁观音，闽北乌龙茶的代表是大红袍，广东乌龙的代表是凤凰单丛，台湾乌龙的代表是阿里山、梨山、大禹陵的高山乌龙。乌龙茶的突出特点是香：铁观音的清香中有兰香，漳平水仙有如兰似桂的馨香；大红袍为代表的岩茶中有栀子

乌龙茶适宜用束口的器形进行冲泡

潮汕也经常用朱泥小壶来冲泡凤凰单丛

花、桂花等馥郁的花香，水蜜桃、木瓜等成熟的果香以及肉桂、豆蔻等香料的香气；台湾的优质乌龙茶常有花香、蜜香以及热带水果的果香。

器具选择：白瓷盖碗、朱泥紫砂壶。气孔结构较疏松、具有吸附性的材质，以及不施釉的器具都会影响香气表现，所以不推荐使用。

水温：沸水，水烧开止沸后便可以提壶泡茶（更多煮水的细节和知识，请参见《煮水的讲究》，下同）。

投茶量：茶水比1∶22左右，150毫升的主泡器常用的投茶量是7克，可以按照自己品饮习惯做相应添减。

温润泡：铁观音、台湾乌龙茶紧结成球，漳平水仙紧压成块，温润泡对它们的作用是让紧结的条索松开以利于正式冲泡时物质的浸出，此道茶汤的呈味从品饮角度会略不足，所以不推荐饮用；岩茶和凤凰单丛都有复焙工艺，对于中足火、足火复焙的茶来说，温润泡的茶汤中火味较重、香气等内含物质浸出不充分，也不推荐饮用（对于很多轻火、中火的岩茶和凤凰单丛，有人会把温润泡的茶汤留至尾水后来饮用，称之为"还魂汤"，这种方式要视温润泡茶汤的质量来定，否则效果适得其反）。

注水方式：茶叶受到的水作用力越大，香气越扬，但应掌握好力度同时避免水流直接击打茶叶，否则茶汤易显粗涩。建议单边定点、高冲配合稍细的水流，或单边定点、低冲配合稍粗壮一些水流以作平衡（参见《注水方式》，下同）。

冲泡时间：冲泡时间的计算自注水起算，直至出汤完毕止，行茶的过程中，冲泡时间逐次（逐泡）增加。1∶22 左右的茶水比，以沸水冲泡，温润泡后的第一次正式冲泡可以尝试 20 秒左右的冲泡时间（仅做参考，依个人品饮习惯可灵活调整）。

耐泡度：可冲泡 7 泡，佳者 10 泡以上。

四、白茶的冲泡

白茶在良好的存储环境下可以久存，为了方便大家更简单地掌握冲泡方法，以下把白茶粗略地分为新白茶和老白茶两个阶段：新白茶凸显鲜甜，老白茶凸出醇厚。

器具选择：新白茶可以选择用阔口盖碗冲泡，盖碗在冲泡过程中可以通过"多透少闷"的方式，把新白茶的鲜感体现出来；老白茶可以选择瓷壶、紫砂壶来冲泡，亦可选择陶壶、银壶等煮饮。

水温：可用沸水冲泡，水烧开止沸后便可以提壶泡茶。新白茶为了体现鲜香，可以适度降低水温，老白茶需用沸水冲煮。

投茶量：茶水比 1∶30 左右，150 毫升的主泡器常用的投茶量是 5 克，具体冲泡依个人口味进行添减。

温润泡：散白茶中新白茶的温润泡可以选择饮用，年份长的散白茶，温润泡时间可以相应增加一些，以达醒茶之效，其温润泡茶汤不推荐饮用；紧压的白茶，温润泡的主要作用是让紧压的条索松开，利于正式冲泡时内含物质的充分浸出，压得越紧，需要温润泡

新白茶推荐用盖碗冲泡

的时间越长，温润泡的茶汤推荐不饮用。

注水方式：温柔注水，减少水流对茶的冲击力，可以选择不直接击打茶叶的单边定点，水流中等，尾水可用环绕注水法。

冲泡时间：冲泡时间自注水起算，至出汤完毕止。以1:30的茶水比为例，温润泡后的第一次冲泡时间可以尝试30秒（仅做参考，依个人口味，相应添减），以后逐次增加。

耐泡度：可冲泡7泡，佳者10泡以上。

白茶的煮茶法：从讲究风味的角度，可以参照陆羽的煮茶法（详见《唐宋饮茶方式——煎茶法、点茶法》篇）。以1升左右的煮茶壶（实际注水800毫升左右）为例，水二沸时投3克左右的白茶（如果是老茶或者紧压茶，建议先温润泡一下，投茶量可根据个人口味进行添减），水沸腾30秒左右关火，静置片刻后便可分汤饮茶。这种煮茶方式（茶、水量以及时间都可以根据自己口味调整）可以避免茶汤过度闷煮带来的闷而不爽。

五、普洱生茶的冲泡

普洱生茶按照年份可以粗略地分为新生茶、中期生茶和老生茶三个阶段。新生茶的氧化发酵度最低，香气以清香为主兼有兰花香（易武产区有花蜜香），鲜爽感足、生津回甘强烈；中期阶段，香气呈现花果蜜香，茶汤的厚度、饱满度、丰富度进一步增加，汤色开始转向橙色；老生茶阶段，香气开始出现木质香、陈香、荷香，茶汤厚实圆润，茶汤宝石红色，茶中的大分子开始降解，进入身体更快，体感更通泰。

器具选择：无论冲泡哪个阶段的普洱生茶，盖碗壁不能太薄，否则失温太快影响内含物质的充分浸出。在此基础上，新生茶推荐用开口稍阔的器形以体现其鲜香；中期生茶推荐保温好的束型盖碗或者朱泥紫砂壶，以体现其香和汤的质感；老生茶推荐用保温性能好的铁壶、陶壶、银壶煮水，冲泡的主泡器推荐壁厚一些的壶类（紫砂壶、柴烧壶等）。

水温：沸水，水烧开止沸后便可以提壶泡茶。年份越老的茶越需要持续的高温方能激发其风味和内质。

投茶量：茶水比 1∶25 ~ 1∶30 左右，以 150 毫升容量的主泡器为例，常用的投茶量是 5~6 克，可依照个人口味进行调整。

温润泡：老茶和紧压茶的温润泡茶汤中香气、滋味等风味不足，不推荐饮用。年份越久、紧压度越高的茶，温润泡时间应越长，且温润泡后停顿片刻，等茶湿醒以后再正式行茶。

注水方式：单边定点不直接击打茶叶，尾水可以使用环绕注水。新生茶用盖碗冲泡时，"多透少闷"的冲泡技巧更能显其鲜香和鲜爽；老生茶在冲泡过程中，注水完毕、盖定主泡壶盖后可以用沸水冲淋主泡壶的方式，增加壶内外的温度，这样更利于老茶内含物质的充分浸出。

冲泡时间：冲泡时间自开始注水起算，至出汤完毕止。冲泡时间自温润泡后的第一次冲泡起逐泡增加，以 1∶25 的茶水比为例，

中期以上的生普推荐用紫砂壶冲泡

第一次冲泡时间可以尝试 20 秒左右（仅做参考，可依个人品饮浓度进行相应添减）。

耐泡度：可冲泡 8 泡，佳者 10 泡以上。

六、普洱熟茶的冲泡

普洱熟茶是后发酵茶类，在发酵过程中有很多有益菌群参与。比起香气，普洱熟茶的品饮更注重茶汤的甜润和饱满、厚滑的汤感（当然不同阶段的普洱熟茶也会有不同的香气表现：红糖香、枣香、糯香、谷物香、陈香、木质香、樟香……）。

器具选择：主泡器可以选择保温性较好的厚壁盖碗，更推荐厚壁的紫砂壶（胎土中含铁量较高的柴烧壶也是好的选择）。厚壁的主泡器保温性能更好，能够让普洱熟茶的内含物质浸出更充分——茶汤的汤感和滋味更饱满。煮水器推荐保温性能好、热传导慢的陶壶、铁壶或银壶，用三者煮水泡出的普洱熟茶，茶汤更饱满、稠厚——与其他煮水器的差异性，在冬天的北方地区尤为明显。

水温：沸水，高温方能充分激发其风味和内质。

投茶量：茶水比 1∶25 ~ 1∶30 左右，以 150 毫升容量的主泡器为例，常用的投茶量是 5 ~ 6 克，可依照个人口味进行添减。

温润泡：不推荐饮用。老茶和紧压的普洱熟茶，温润泡的时间相应加长，且温润泡后停顿片刻，等茶湿醒以后再正式行茶。

注水方式：单边定点不直接击打茶叶，尾水可以使用环绕注

普洱熟茶推荐用壶进行冲泡（瓷壶、紫砂壶等都可以）

水——直接击打茶叶或者激烈的注水方式会让茶汤浑浊。

冲泡时间：冲泡时间自开始注水起算，至出汤完毕止，冲泡时间自温润泡后正式冲泡起逐次增加。以 1∶25 的茶水比为例，第一次冲泡时间可以尝试 20 秒左右（仅做参考，依个人品饮浓度进行相应添减）。

耐泡度：可冲泡 8 次，佳者 10 次以上。

七、黄茶的冲泡

黄茶类比绿茶类的发酵度稍高，其制作工艺比绿茶多了闷黄这个湿热发酵的过程，成品茶黄汤黄叶，鲜甜、甜爽、甜醇。按照采摘级别分类，黄茶可以分为黄芽茶、黄小茶和黄大茶。

器具选择：黄芽茶类有较强的观赏性，所以可以选择透明的玻璃杯、盖碗冲泡；黄大茶、黄小茶类可以选择盖碗冲泡。盖碗推荐薄胎、口阔的器型，这样的器型散热快，可以更好的体现黄茶的鲜和甜，避免出现熟味和闷味。

水温：比绿茶水温稍高，90℃左右。

投茶量：茶水比 1∶50 左右，以 150 毫升容量的主泡器为例，常用的投茶量是 3 克，可依照个人口味进行添减。

温润泡：可饮用（更多关于温润泡的内容，详见《温润泡与洗茶》篇）。

注水方式：同绿茶。

蒙顶黄芽

黄茶的玻璃杯泡法

冲泡时间：同绿茶。

耐泡度：可冲泡 3 次，佳者 3 次以上。

以上简略地为大家奉上了常见茶类的冲泡方法，此外，茉莉花茶的冲泡可以参照绿茶、黄茶；现代工艺六堡茶的冲泡可以参照普洱熟茶；安化黑茶、传统工艺六堡茶的冲泡可以参照普洱生茶；普洱熟茶、安化黑茶、六堡茶等煮茶法可以参照白茶的煮茶法 ……茶发展到现在，在传统的热饮冲泡法之外，还有冷泡、冷萃等创新的方式，茶有万千种可能，期待您一起发现和创新。